江苏中部沿海潮滩稳定性遥感监测

赵冰雪　刘永学　王　雷　著

海洋出版社

2024 年·北京

图书在版编目（CIP）数据

江苏中部沿海潮滩稳定性遥感监测 / 赵冰雪，刘永学，王雷著 . -- 北京：海洋出版社，2024.2
　ISBN 978-7-5210-1241-5

　Ⅰ . ①江… Ⅱ . ①赵… ②刘… ③王… Ⅲ . ①遥感技术—应用—海岸带—研究—江苏 Ⅳ . ① P737.11-39

中国国家版本馆 CIP 数据核字（2024）第 021446 号

审图号：苏 S（2024）12 号

责任编辑：高朝君
助理编辑：吕宇波
责任印制：安　森
海洋出版社　出版发行
http：//www.oceanpress.com.cn
北京市海淀区大慧寺路 8 号　邮编：100081
鸿博昊天科技有限公司印刷　新华书店经销
2024 年 7 月第 1 版　2024 年 7 月第 1 次印刷
开本：710mm×1000mm　1/16　印张：8.5
字数：140 千字　定价：98.00 元
发行部：010-62100090　总编室：010-62100034
海洋版图书印、装错误可随时退换

前　言

　　海岸带是海陆交互过渡带，是人类生存和发展的主要活动区，对维持区域生态系统平衡具有不可替代的作用。潮滩是粉砂淤泥质海岸中重要的地貌单元，具有极高的生态价值，对于维护生物多样性、削弱极端风暴潮影响、反映海平面上升等具有重要作用。同时，其也有着重要的经济价值，为区域可持续发展提供重要的后备土地资源、水产资源等。江苏中部沿海是我国沿海沉积地貌发育最特殊、潮滩资源最富集、受人类活动影响最大的区域之一。其岸外发育规模巨大、形态特殊的辐射状沙脊群，是我国潮滩研究最典型区域之一。在潮流、波浪、风暴潮等自然条件和沿岸大规模围垦、离岸水产养殖等人类活动的共同作用下，潮滩地貌形态和动力过程复杂、敏感、多变，对潮滩稳定性产生重要影响，直接威胁着海岸防护、社会经济发展和生态安全。因此，厘清人类活动加剧背景下沿海潮滩稳定性的时空分异及其响应，对江苏未来海岸建设、可持续发展尤为必要。

　　潮滩由于特殊的地理位置，很难开展长期、大范围的野外地貌演化过程监测。遥感技术为快速、动态分析大范围的潮滩稳定性提供了契机。考虑到江苏中部沿海空间范围广、时间跨度长，单一遥感数据源难以实现全面监测，本书综合了长时间序列、中空间分辨率的多源遥感影像（10~30 m），针对潮滩特征要素提取难、岸段侵蚀淤积表征难、潮滩稳定性定量分析难等难点和关键点展开研究。通过构建江苏中部沿海近 30 年潮滩特征要素数据集，分析了海岸线多年的时空变化特征。在此基础上，从"线"和"面"两个角度出发，分别提出了适用于岸段和滩面稳定性的评价方法，明晰了江苏中部沿海潮滩稳定性时空分异规律及其对人类活动的作用，可为潮滩资源开发与保护、沿海工程选址与防护等提供科学依据和决策支持。

本书是在刘永学教授主持的江苏省杰出青年基金项目"星空地协同遥感支持下的江苏海岸带演化规律分析（BK20160023）"和国家自然科学基金面上项目"时间序列遥感数据支持下的潮滩稳定性及其对人类活动的响应研究——以江苏中部沿海为例（41971378）"以及赵冰雪主持的"自然资源部海岸带开发与保护重点实验室开放基金项目（2021CZEPK06）"、安徽省高校优秀青年人才支持计划重点项目（gxyqZD2020050）、安徽省新建专业质量提升项目（2022xjzlts029）和池州学院博士引进项目（CZ2022YJRC06）等相关研究成果基础上完成的。本书由刘永学和赵冰雪负责拟订提纲、组织研讨，并负责全书的写作。第1章至第3章由赵冰雪、刘永学完成；第4章和第5章由赵冰雪、刘永学、王雷完成；全书由刘永学、赵冰雪完成统稿工作。此外，要特别感谢宁波大学地理与空间信息技术系孙超博士、刘永超博士在本书撰写过程中提供的数据和建议。本书在撰写过程中参考、引用了大量文献，但限于篇幅未能在书中一一注出，在此表示深深的歉意，并谨向这些文献的作者表示敬意和感谢！

由于受学术水平所限，书中难免存在疏漏之处，敬请读者谅解和指正。

作　者

2024 年 2 月

目 录

第1章 绪 论

1.1 研究背景与意义

海岸带是海陆交互过渡带，是人类生存和发展的主要活动区。据统计，全球约 2/3 的人口生活在沿海大约 60 km 的范围内（Belfiore，2003）。占我国陆域国土面积 13.4% 的沿海经济带，承载着全国 40% 以上的人口，贡献了全国约 55% 的国民生产总值（李彦平 等，2021）。国内生产总值排名前十的省份中，沿海省份占据六席。作为当今社会人口密集区和经济重地，海岸带区域对社会经济发展意义显著（Lakshmi et al.，2000）。同时，作为最特殊的地貌单元，其对维持全球生态系统平衡也具有不可替代的作用（侯西勇 等，2011）。粉砂淤泥质海岸作为重要的海岸带子系统，主要分布在河口海岸的潮间带，其主要特点是海滩宽广、岸坡极缓，是由黏性细颗粒泥沙组成的滩地（Chen et al.，2008）。我国粉砂淤泥质海岸长度约 4 000 km，约占我国大陆总海岸线的 1/4，主要分布在长江、黄河、珠江、辽河等河口三角洲及其两侧海岸平原（时钟 等，1996）。

潮滩作为粉砂淤泥质海岸的一部分，处在平均高潮线和平均低潮线之间的海岸区域（张振德 等，1995；Dyer et al.，2000），具有极高的生态价值，对维护生物多样性、削弱极端风暴潮影响、反映海平面上升等具有重要作用（Sagar et al.，2017；Murray et al.，2012）。同时，潮滩还拥有巨大的后备土地资源和丰富的水产资源，是重要的经济开发地带和水产养殖生产基地以及海上风电场建设区（Lu et al.，2019）。潮滩稳定性是指海岸带潮滩在沉积物动力条件下维持地貌自身状态平衡的能力（Kirwan et al.，2013）。作为一种动态不稳定的土地资源，潮滩在沉积物供给、潮流、波浪、风暴潮、沿岸流等诸多因素的共

1

同作用下（Pritchard et al.，2003；Draut et al.，2005），地貌演化常表现出大冲大淤、冲淤多变等特征（张忍顺 等，2002）。在全球气候变化、海平面上升及人类活动加剧的背景下（Robert et al.，2010；Stefanon et al.，2012；Jevrejeva et al.，2016），全球潮滩形态和动力地貌过程更加复杂、敏感、多变。Future Earth（FE）中国委员会将亚洲海岸带脆弱性列入 2014—2023 年需优先解决的问题之一。自 Kirwan 等（2013）在《自然》上发表 "*Tidal wetland stability in the face of human impacts and sea–level rise*" 一文以来，潮滩分布、变化、响应等研究得到了《自然》《科学》等顶级期刊的持续关注（Temmerman et al.，2015；Woodruff，2018；Schuerch et al.，2018；Murray et al.，2019）。因此，在此背景下，适时开展潮滩地貌演变和潮滩稳定性研究十分重要和必要。

江苏沿海位于南黄海西岸，北起绣针河口，南抵长江口北支，海岸线全长954 km。由于来自古长江和古黄河泥沙的共同堆积作用，在沿岸地区形成了丰富的滩涂资源，在岸外分布了大面积的辐射沙脊群。根据"江苏近海海洋综合调查与评价"专项调查，江苏省沿海滩涂总面积为 5 001.67 km²，约占全国滩涂总面积的 1/4，居全国首位，其中潮上带滩涂面积为 307.47 km²，潮间带滩涂面积为 2 676.67 km²；岸外发育规模巨大、形态特殊的辐射状沙脊群（理论最低潮面以上面积为 2 017.53 km²），是江苏海洋资源开发利用最具潜力的区域（王颖，2014）。此外，粉砂淤泥质潮滩上充足的沉积物供给与淤积存储环境，使该海岸带潮沟分布广泛、发育完整，是我国研究潮沟形态特征变化和潮滩地貌演变最典型的区域之一，特色明显（燕守广，2002）。

受沿岸潮波系统、潮汐、风暴潮等作用的影响，潮滩地貌常表现为淤积多变的状态，当潮位上涨时潮滩大部分被海水覆盖，出露的范围小，当潮位下降时海水向后退去，潮滩的出露面积大。由于江苏中部沿海为粉砂淤泥质潮滩，潮沟系统发育程度高，摆动频繁，使滩面一直处于淹没和出露反复交替状态，由此产生的侵蚀导致滩面呈现持续不稳定特征，稳定性差异显著。此外，近年来大规模、高强度的沿海开发活动，如海岸围垦工程、港口码头建设、海上水产养殖以及海上风电场建设等都极大地破坏了自然演化下的沿海沉积环境均衡态，给潮滩稳定性带来了极大的压力（Zhang et al.，2018）。同时，潮沟地貌的快速演化对围垦、建港等沿海工程形成了一定的制约，直接威胁着海岸防护、社会经济发展和生态安全。在此背景下，适时开展潮滩稳定性分析及其对人类活动作用的研究，探究基于遥感的、移植性强的潮滩稳定性定量分析方法，掌握江苏中部沿海蚀淤节点的年际变化规律，探讨潮沟系统的摆动规律，明晰江苏中部沿海潮滩稳定性的时空分异特征，可为沿海工程设施选址与防护、滩涂资源调查与保护、海岸防灾减灾等未来海岸建设提供基础数据与技术支撑，为沿海经济社会平稳、可持续发展提供决策支持，也对我国其他沿海地区的潮滩演变及稳定性等相关研究有着一定的借鉴意义，还有助于加深对全球潮间带湿地演化规律及其对人类活动响应的科学理解，具有重要的现实意义。

1.2 国内外研究进展

1.2.1 潮滩地物特征提取研究

潮滩地物的快速、准确提取是开展潮滩稳定性分析的前提。自陆向海方向，主要的特征要素包括围垦区堤坝、盐沼植被、潮沟、光滩、水边线、风电场、水产养殖基地等。如何快速准确提取潮滩特征要素，是国内外学者广泛关注的问题。其中，水边线为陆地和海洋在瞬时的分界线。目前，对水边线的提取大多是利用数字图像处理技术进行分割，主要包括以下几种方法：①阈值分割方法。它是一种简单有效的图像分割方法，较为经典的阈值分割方法有最大类间方差法（Otsu，1979），阈值可以是单阈值（Pardo–Pascual et al.，2012），也可以是多阈值（瞿继双 等，2003）。该方法中阈值的选择至关重要，具有一定的难度，尤其是对于包含植被、建筑物阴影的复杂海岸。②边缘检测算子。常用的检测方法包括基于一阶导数的 Sobel 算子、Roberts 算子（王李娟 等，2010）和二阶导数的 Laplacian 算子、Canny 算子（张旭凯 等，2013）。近些年来，还有学者采用数学形态学方法（毕京鹏 等，2019）以及基于分水岭分割与边缘检测的海岸线提取方法（杨博雄 等，2020）。以上几种检测算子中，Sobel 算子和 Roberts 算子最为简单，但存在伪边缘现象，Canny 算子检测的边缘较为清晰和连续，但对于复杂海岸线的检测需要结合数学形态学进行优化处理。③像元分类方法。该方法主要包括监督分类与非监督分类，前者通过待分类图像选择典型的训练区，通过样本"训练"计算机，从而实现图像的分类（朱长明 等，2013）；后者则根据地物的光谱亮度值初始聚类，通过迭代实现图像的分类（王诗洋等，2016）。传统的面向像素的海岸线提取方法易于理解，但对于复杂海岸的岸线提取效果不好，且易产生"椒盐现象"。④面向对象方法。以同质像元的对象为基本单元进行图像分割，部分学者基于多源遥感影像完成杭州湾海岸线（贾明明 等，2013）和淤泥质海岸水边线（崔红星 等，2018）的提取。相较于传统的以像元为基本单元的分类方法，该方法结合了光谱、形状、纹理等特征，一定程度上能够有效地去除传统影像分类中出现的"椒盐现象"，但其比较适用于高分辨率遥感影像的分类，适用范围不广。

潮沟是发育在潮间带，受海洋动力作用形成的潮汐通道（Perillo，2009），它是潮滩上输送水沙等物质与能量交换的通道，也是海陆相互作用中最活跃的地貌单元（邵虚生，1988；Fagherazzi et al.，1999）。对潮沟系统的提取多基于 DEM 和遥感影像两种数据源。其中，前者多采用河流提取常用的 D8 算法模型（Ozdemir et al.，2009；Passalacqua et al.，2010），通过计算不同栅格单元的流向，得到每个栅格的汇流累积量，该方法对于地形起伏比较大的区域比较有效，而对于地形平坦区域的潮沟系统提取效果较差；后者是依托图像处理技术，通过高程、斜率或曲率阈值等实现潮沟系统的提取（Fagherazzi et al.，1999；Lohani et al.，2001；Mason et al.，2006；Lashermes et al.，2007；Chirol et al.，2018）。此外，还有学者基于高分辨率 LiDAR DEM 数据，采用多尺度、多窗口的高斯滤波技术，有效实现了对细小潮沟的自动化提取（Liu et al.，2015）。

随着遥感影像数量和质量的不断提高，中分辨率光学影像目前已成为潮沟提取的主要数据源，提取方式主要包括人工目视解译和自动／半自动化提取两种。其中，人工目视解译的精度较高，但不适用于大范围、长时期的影像提取。因此，国内外学者在多源遥感数据的支持下，尝试采用多种算法进行潮沟系统的自动提取，这些方法主要包括数学形态学（陈翔 等，2012；郭永飞 等，2013；Yang et al.，2015a）、最大类间方差（朱言江 等，2017）、随机森林（Shruthi et al., 2014）、自适应阈值分割（Gong et al., 2020）和区域生长法（Jin et al., 2021）等。需要说明的是，由于潮滩背景复杂的光谱特征，潮沟系统的中下段极易与背景混淆，目前还未有适用于所有区域和数据源的完全自动化的潮沟系统提取方法，大多是对算法结果进行手工修改得到。

水产养殖是潮滩上的一种典型的人类活动，它是指商业性的饲养水生生物，主要包括鱼虾、牡蛎以及紫菜的养殖等。目前已有研究中对水产养殖区的识别多基于 Landsat TM、ETM+ 影像，采用人机交互式目视解译方法进行水产养殖面积和位置的识别（吴岩峻 等，2006；魏振宁 等，2018）。目视解译简单易行，但其工作量较大，且解译结果往往带有一定的主观性。为评价其解译精度，部分学者利用无人机影像对目视解译结果进行精度验证（许海蓬 等，2019；Xing et al., 2019）。部分学者还采用了空间结构分析方法（周小成 等，2006；李俊杰 等，2006）和面向对象分类方法（王芳 等，2018；卢霞 等，2018）对水产养殖区进行提取，效率较高，但该方法主要适用于高分辨率遥感影像。

1.2.2 潮滩地貌演变相关研究

野外实地潮滩地貌调查是获取高精度、第一手信息的主要方式。研究者采用相关仪器设备开展潮滩剖面高程测量、地表沉积物采样、水动力与泥沙输运的调查（Bassoullet et al., 2000；Shi et al., 2014），分析典型潮滩剖面冲淤状态（稳定、侵蚀或淤积等）（陈才俊，1991；Kirby，2000；陈君 等，2010；Zhou et al., 2014；张媛媛 等，2019），进而探讨潮滩剖面形态变化的作用机制（Murray et al., 2008；龚政 等，2014；张长宽 等，2018）。然而，由于潮滩特殊的地理位置，且潮滩出露时间短，调查人员不易到达距沿岸较远的潮滩区域，需要耗费大量的人力、物力资源，使得大面积和连续性的野外调查观测受到很大的限制（Choi et al., 2010）。

部分学者在野外调查的基础上，开展了基于水动力模型的潮滩地貌演变过程模拟（Roberts et al., 2000；Xie et al., 2009；Mariotti et al., 2010；刘秀娟 等，2010；Liu et al., 2011；Zhou et al., 2015），进而分析与预测潮滩动力地貌（Gong et al., 2012；Hu et al., 2015；龚政 等，2018）。需要说明的是，作为一个复杂

的陆海频繁交互系统，潮滩地貌稳定性受控于风、浪、流、沙等水动力因素，围垦、港口建设、沿海养殖等人类活动因素，海岸带动物、植物、微生物等生物效应，以及相对海平面上升等事件影响。以上因素时空尺度各异，相互作用多呈双向反馈。而已有模型多集中于单因子或数个因子主导下的潮滩演变模拟分析，对各因素间物理、化学、生物等作用机制的认知尚不明晰，模拟结果可能存在较大的不确定性。

随着航空摄影测量技术的不断发展，部分学者利用航空 LiDAR 激光扫描仪对大范围潮滩地貌进行监测（Blott et al.，2004；Chust et al.，2008；Mancini et al.，2013），但该调查手段成本较高，不便于开展连续的地貌观测。为了降低观测成本，近些年来，低成本高精度的便携式无人机（Unmanned Aerial Vehicles，UAVs）也逐渐被用来进行潮滩地貌的监测，结合动态高程测量技术（Real Time Kinematic，RTK）实测数据，能够获得厘米级精度的潮滩正射影像和相对高程，从而进行潮滩地形地貌监测（Cook，2017；Sturdivant et al.，2017；Medjkane et al.，2018；Chen et al.，2018；Dai et al.，2018；戴玮琦 等，2019）。而利用小型便携式无人机进行潮滩监测也面临以下困难：①由于潮滩高程较为平缓，航向和旁向重叠一般均要超过 80%，这样就导致航片数量多，室内三维建模处理速度慢；②沿海受潮位和天气因素的影响明显，要选择在每月的小潮期航拍以保证较大的潮滩出露范围，同时还要选择在风力较小的无雨天气；③中 / 小型飞行器的续航时间一般在 30 min 左右，飞行距离大多在 5 km 以内，在保证飞行安全的前提下，距离起飞地点超过 3 km 时，可能会出现信号减弱甚至丢失的情况；④使用 GPS–RTK 布设地面控制点时，野外调查人员不便到达靠近海洋一侧的光滩，影响室内三维建模的几何定位精度。以上都给潮滩地貌监测带来很大的挑战。

遥感（Remote Sensing，RS）技术有效补充了地面常规调查和数值模拟工作的不足。中等空间分辨率遥感影像数量的不断增加，为潮滩地貌监测及长时期动态演变分析奠定了基础。通过采用多种数据来源、不同空间分辨率、多时相乃至时间序列的遥感影像，获得卫星成像时刻的瞬时水边线，结合邻近潮位站的潮位观测数据，即可得到多期影像中包含高程值的水边线，从而构建潮滩高程模型（Mason et al.，1995；Ryu et al.，2008；Wang et al.，2019），再根据多期潮滩高程数据，分析潮滩的冲淤和侵蚀情况，现已成为开展海岸带潮滩地貌演变研究的有效手段。目前，基于此方法进行潮滩演变的研究已经被广泛应用于全球主要河口海岸，如英国海岸（Mason et al.，1998；Bell et al.，2016）、德国海岸（Heygster et al.，2010）、北欧 Wadden 海岸（Li et al.，2014）、澳大利亚海岸（Sagar et al.，2017）、韩国海岸（Ryu et al.，2014；Xu et al.，2016）、中国海岸（Zhao et al.，2008；Liu et al.，2016；Kang et al.，2017），季节性变化明显的中国鄱阳湖湖滩也有应用（Feng et al.，2012；Zhang et al.，2016）等。就江苏中部沿海而言，Liu 等（2010，2012，2013）基于多源、时间序列遥感影像，构建了近 40 年的潮滩高程模型（Wang et al.，2019）。Murray 等（2019）基于遥感技术绘制了全球潮滩分布及变化轨迹，发表于《自然》。

1.2.3　潮滩岸段与滩面稳定性研究

潮滩稳定性是指海岸带在水动力、沉积物动力条件下维持地貌自身状态平衡的能力（Kirwan et al.，2013），具体表现为不同潮滩岸段和滩面在较长时期内受沉积物作用产生的淤积和侵蚀状态，当输入泥沙量大于输出泥沙量时表现为淤积，当输入泥沙量小于输出泥沙量时表现则为侵蚀，潮滩岸段无论是淤积还是蚀退都属于不稳定，只有当两者处于均衡态时才为稳定岸段（罗峰 等，2018）。遥感技术具有大范围、快速、动态观测等优势，随着中等空间分辨率遥感影像数量的不断增加，国内外高空间分辨率影像的不断发展，其已成为潮滩岸段蚀淤变化及潮滩稳定性分析的重要手段。

目前，已有研究通过综合、比较、提取遥感影像中潮滩典型的特征线，主要包括湿地线、围垦线、植被线、水边线等指标（Boak et al.，2005；李飞 等，2018），结合附近潮位站提供的潮位观测数据和多年平均潮位值，以及潮滩高程数据计算得到的坡度信息，经潮位校正后比较岸线的位置变化，分析岸线的冲淤变化规律，进而进行岸段稳定性分析（Chen et al.，2009；Lee et al.，2011；刘艳霞 等，2012；张云 等，2015；陈玮彤 等，2018）。目前，该方法已应用至各海岸（Cui et al.，2011；Jayson et al.，2013；高志强 等，2014；Hou et al.，2016）、港湾（Zhu et al.，2014）、岛礁（Purkis et al.，2016）等的稳定性分析中。美国地质调查局还推出了数字海岸分析系统（Digital Shoreline Analysis System，DSAS）（Thieler et al.，2009），基于多时相遥感数据，通过相对于参考基线的末点变化率、平均速率等定量分析海岸线稳定状况、预测未来海岸线得到广泛应用（于吉涛 等，2010；姚晓静 等，2013；Behling et al.，2018；丁小松 等，2018）。

对于整个潮滩滩面而言，潮滩的出露范围受潮汐作用直接影响，当处于高潮位时，整个潮滩基本被海水覆盖，即使是毗邻岸边的潮滩滩面上也被潮水覆盖；当处于低潮位时，海水逐渐从沿岸后退，潮滩滩面的出露范围也逐渐变大。这样周而复始，滩面一直处于淹没和出露干湿交替的状态，在时间轴上呈现出周期性变化的特征，潮滩局部区域的特征差异也较为显著。作为潮滩上动态摆动的地貌单元，潮沟是由落潮后的滩面水逐渐侵蚀而形成，长期的冲刷作用逐步扩大冲刷坪面，形成的主潮沟可以将潮滩整体分割开来，从而影响邻近滩面的汇流。有研究指出 60% 的盐沼表面水可能来自潮沟（Temmerman et al.，2005），可见潮沟水动力过程决定着潮滩的淤积与冲刷平衡，进而影响潮滩的稳定性。已有研究通过确定沙洲的稳定性系数，对江苏中部沿海条子泥沙洲和辐射沙洲的稳定性进行划分（张忍顺 等，1992；陈君 等，2004）。除了常用的多光谱影像外，部分学者还尝试采用高光谱影像评价泥滩稳定性（Smith et al.，2004）。也有部分学者从潮沟系统的角度对潮滩稳定性进行评价，Lei 等（2015）通过收集可能影响潮滩稳定性的自然和人为因素，包括潮沟的长度、宽度以及潮滩的宽度、坡度、潮差、围垦区等，构建稳定性评价指标体系，进而评价江苏中部沿海的泥滩稳定性。此外，还有学者基于多年低潮滩涂的重现率进行滩涂稳定性分析，结果表明，滩涂的重现率越高，潮滩越稳定，越低则越不稳定（高恒娟 等，2014）。对于潮沟而言，潮沟数量越多表示处于低潮位，出露潮滩面积就越大；潮沟数量越少则表示处于高潮位，出露潮滩面积也就越小，据此也可以进行稳定性评价。同时，潮沟系统多呈树枝状分布，通常围绕其主潮沟摆动，可能也存在一定的周期性规律（Zhang et al.，2020），其频繁侧向摆动也可能对潮滩稳定性产生影响。

综上所述，目前国内外有关潮滩稳定性研究中遥感影像的时间分辨率比较粗糙，大多基于数景至数十景遥感影像，卫星影像的长时间序列资源优势、立体观测优势尚未得到充分发挥，这在很大程度上影响了对潮滩演化规律的把握。长时间序列的光学影像能够提供越来越丰富的详细数据，从而为潮滩稳定性分析提供可能机会。此外，就基于遥感技术的潮滩稳定性分析方法而言，现有的分析方法大多没有考虑到滩面中小型潮沟系统的分布，这给后续的潮滩稳定性分析带来了较大的不确定性，影响了对潮滩演变和潮滩稳定性时空分异规律的把握。基于此，本研究充分发挥时间序列光学遥感影像的优势，从潮沟系统频繁摆动对潮滩稳定性影响的角度出发，对潮滩岸段和滩面的稳定性进行评价。

1.3 研究目标与内容

1.3.1 研究目标

本研究以国家自然科学基金面上项目"时间序列遥感数据支持下的潮滩稳定性及其对人类活动的响应研究——以江苏中部沿海为例"和江苏省杰出青年基金项目"星空地协同遥感支持下的江苏海岸带演化规律分析"为支撑，针对江苏中部沿海潮滩地貌动态演化及其潮沟系统频繁摆动这一现状，综合多源、长时间序列的中分辨率光学遥感影像（Landsat TM/ETM+/OLI、Sentinel–2 MSI、GF–1 WFV 和 HJ–1 CCD），构建江苏中部沿海潮滩典型特征要素数据集，基于多年海岸线潮滩岸段的冲淤变化及岸段稳定性分析，同时根据潮沟系统的频繁摆动和变化情况，研发一种滩面稳定性评价模型，明晰江苏中部沿海潮滩与辐射沙洲的稳定性特征。本研究能够为该地区沿海工程设施选址与防护、滩涂资源调查与保护等未来海岸建设提供基础数据与技术支撑。

1.3.2 研究内容

针对潮滩地物提取难、大尺度潮滩稳定性分析难等问题，本研究以时间序列遥感分析为技术主线，从潮滩岸段和滩面两个方面分别开展潮滩稳定性研究，明晰江苏中部沿海潮滩稳定性的空间分异特征及其稳定性评价结果对沿海主要人类活动的作用（图1-1）。研究内容如下：

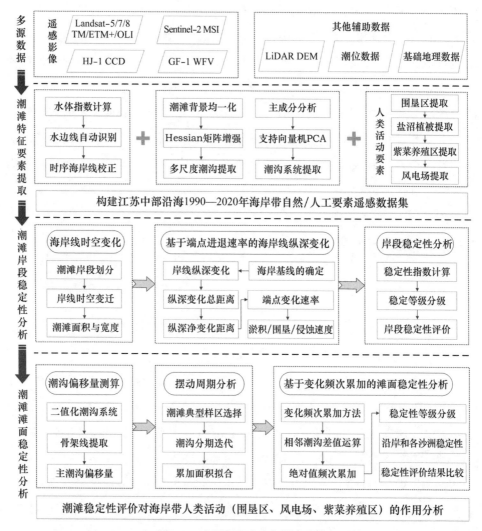

图1-1 主要研究内容与技术路线

（1）潮滩典型特征要素的精细提取。海岸带潮滩的陆海交互频繁，在中分辨率遥感影像中，地物间的光谱特征混淆严重，且研究区受潮汐作用影响大，水边线位置在时间维度变动明显，以上这些都是潮滩要素提取的主要技术难点。本研究基于多年水边线，结合潮位站的潮位数据，经潮位校正得到多年海岸线；同时根据不同遥感影像的波段差异，分别提出潮滩背景均一化、多尺度信息增强以及支持向量机的潮沟系统半自动提取方法，完成研究区低潮时刻潮沟系统的精细提取；结合时间序列中分遥感影像和谷歌高分影像，获取主要的人类活动要素信息。

（2）潮滩岸段蚀淤变化及稳定性分析。以多年海岸线数据为基础，结合DSAS，测算不同时间、不同区县内海岸线的变化情况；基于端点进退速率测算端点的变化距离和变化速率，分析不同时间周期内岸段的淤积、围垦和侵蚀状态，判断岸线侵蚀和淤积变化的节点是否有所转移；在此基础上提出岸线稳定性的计算方法，进而对潮滩沿岸及辐射沙洲岸线的稳定性进行评价。

（3）潮滩滩面稳定性评价及其对人类活动的作用分析。首先以时序潮沟系统数据为基础，采用中轴线偏移量测算几条主潮沟的偏移量，并使用迭代累加的方法对潮沟系统在不同潮间带的摆动周期规律进行分析；其次从潮沟系统频繁摆动变化的角度，研发一种潮沟系统在相邻时刻变化频次累加的滩面稳定性评价模型，明晰江苏中部沿海潮滩和辐射沙洲潮滩的稳定性特征；最后就潮滩稳定性对主要的人类活动（如围垦、紫菜养殖、风电场开发等）的作用进行分析，为沿海工程设施选址与防护、滩涂湿地的调查与保护提供参考。

第 2 章　研究区与数据集

2.1　研究区概况

江苏中部沿海北起射阳县双洋港，南抵如东县东安闸，地理位置介于 32°30′—33°28′N、120°40′—121°30′E 之间，海岸线长约 364.5 km。自北向南涉及的行政区包括盐城市的射阳县、大丰区、东台市以及南通市的如东县。由于来自古长江和古黄河泥沙的共同堆积作用，在沿岸地区形成了丰富的滩涂资源，同时，中部以弶港为顶点分布着辐射状的大型海岸堆积地貌（大面积的辐射沙脊群），由近岸向海洋方向延伸的 70 多条沙脊和沙脊间的潮汐通道，包括西洋、黄沙洋、烂沙洋等大型水道以及条子泥、东沙、高泥、毛竹沙、蒋家沙等大型沙脊。脊槽相间分布，水深多为 0~25 m，个别深槽最深处可达 38 m（陈君 等，2012）。根据"江苏近海海洋综合调查与评价"专项调查，江苏省沿海滩涂总面积为 5 001.67 km²，约占全国滩涂总面积的 1/4，居全国首位；其中潮上带滩涂面积为 307.47 km²，潮间带滩涂面积为 2 676.67 km²。该区域是中国潮滩资源最富集的区域，根据该专项调查统计，最低潮时刻辐射沙洲的面积约为 2 017 km²（0 m 以上）（李飞，2014），同样也是沿海沉积地貌体系最特殊的区域，分布着我国面积最大、世界罕见的典型水下沙脊群，是江苏海洋资源开发利用最具潜力的区域（王颖，2014；张长宽 等，2016）。

2.1.1　自然地理

江苏中部沿海是我国沿海沉积地貌体系发育最特殊、潮滩资源最富集、受人类活动影响最大的区域。潮滩面积约占我国潮滩总面积的 1/4（王颖，2014），东西方向上潮滩宽度约 90 km，南北方向约 200 km，潮面上发育了密集的潮沟系统（Liu et al.，2015）。与我国其他沿海省份相比，江苏沿海的海岸线较为平直。历史上黄河有相当长的时间经淮河改道注入黄海，黄河带来的大量泥沙在沿海堆积，黄河夺淮入海期间带来的巨量泥沙（共 727 年，约 6 656 亿 t，任美锷，2006）推动了海岸线的快速淤涨。然而，随着 1855 年黄河北归、长江输沙量大幅减少（2016 年输沙量不到 1950 年的 1/3），泥沙源汇格局发生剧变，也引发了潮滩地貌的相应调整。在优势潮流、波浪、风暴潮等作用下，区域内潮滩地貌演化常表现出大冲大淤、内冲外淤、冲淤多变等特征（张忍顺 等，2002）。

江苏沿海属于温带向亚热带的过渡性气候，气候温和，雨量适中，光热充沛，冬冷夏热，四季分明。夏季受副热带高压与东南季风影响，降雨较为充沛；冬季受西伯利亚寒流影响，雨量较少，全省年降雨量为 900 ~ 1 200 mm；平均气温为 13 ~ 16℃，最冷月份为 1 月，平均气温 –1.0 ~ 3.3℃，8 月为最热月，平均气温 26 ~ 28.8℃，温度由沿海向内陆升高。潮汐多属正规半日潮（Wang et al.，2019），主要分潮的等振幅线及等相位线如图 2–1 所示。受两大潮波系统（东海前进潮波系统与南黄海旋转潮波系统）的影响，潮汐动力强，平均潮差为 2 ~ 6 m，且自北向南潮差不断增加，至弶港和洋口港潮差达到最大（图 2–2），其中弶港历史记录的最大潮高可达 9.28 m，同时也具有中国沿海最高潮差（Gong et al.，2012）。两大潮波系统沿弶港—条子泥—高泥—竹根沙等一线沙脊辐聚、辐散，奠定了区域潮滩分布的基本格局。滩面上泥沙供应充足，弶港附近的潮滩宽度可达 16 km，平均滩宽为 6 ~ 8 km。平坦宽阔的潮滩以及充足的沉积物供给和淤积存储环境，使潮沟系统发育充分、分布密集（Liu et al.，2015；Zhao et al.，2019）。

2.1.2　社会经济

江苏为我国综合发展水平最高的省份之一，也是经济最活跃的省份之一，2020 年江苏地区生产总值（GDP）为 10.27 万亿元。第七次全国人口普查数据显示，江苏常住人口 8 474.8 万，人均 GDP 稳居全国前列。省内海上风力发电场的开发与利用较好，海上水产品的养殖尤其是紫菜的养殖，是全国水产养殖业的代表。黄渤海区域拥有世界上面积最大的连片泥沙滩涂，是亚洲最大、最重要的潮

13

间带湿地所在地，也是东亚—澳大利亚候鸟迁飞路线上水鸟的重要中转站，为多种珍稀候鸟提供了栖息地和中转站。2019 年 7 月 5 日，在第 43 届世界遗产大会上，中国黄（渤）海候鸟栖息地（第一期）被联合国教科文组织列入《世界遗产名录》，盐城候鸟栖息地成为江苏省首个世界自然遗产。

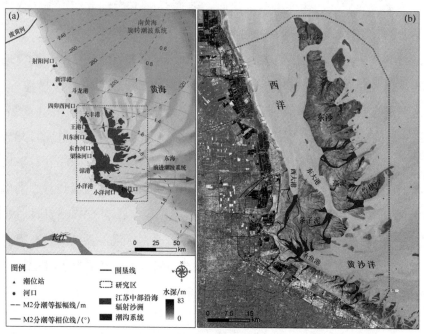

（a）江苏中部沿岸辐射沙洲；（b）江苏中部沿岸潮沟系统。底图为 2018 年 2 月 23 日获取的 Landsat–8 OLI 遥感合成影像。

图 2–1　江苏中部沿海辐射沙洲及潮沟系统

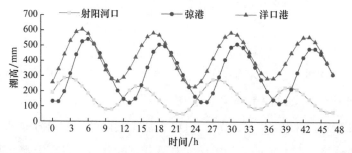

图 2–2　江苏中部沿海射阳河口、弶港和洋口港潮位站在 2018 年 2 月 23—24 日逐时潮位预报曲线

2.1.3 人类活动

近几十年来，沿海大规模的围垦活动（1973—2013 年匡围潮滩 1 986 km²）（Zhao et al.，2015）、人工引种互花米草（1986—2013 年扩展 178.42 km²）（Sun et al.，2016）、港口与风电场建设、沿海养殖等，进一步改变了沉积动力环境的均衡态，对潮滩地貌产生了重要影响（Wang et al.，2012；Shi et al.，2017）。同时，潮沟地貌的快速演化对围垦、建港等沿海工程构成了一定的制约，直接威胁着海岸防护、社会经济发展和生态安全。在此背景下，掌握江苏中部沿海潮沟的形态特征与分布特点，可为滩涂资源开发与保护、沿海工程选址与防护提供科学依据，为江苏沿海经济科学、可持续发展提供决策支持。此外，潮滩地貌对人类活动的响应并非单向，在人类活动影响下，地貌突变也将危及沿海工程、人民生命财产安全等（图 2–3）。随着江苏沿海开发、长江经济带发展等上升为国家战略，厘清人类活动加剧背景下沿海潮滩稳定性的时空分异及其响应，对江苏未来海岸建设尤为必要。同时，研究江苏潮滩稳定性及其潮沟动态演变规律，对亚洲

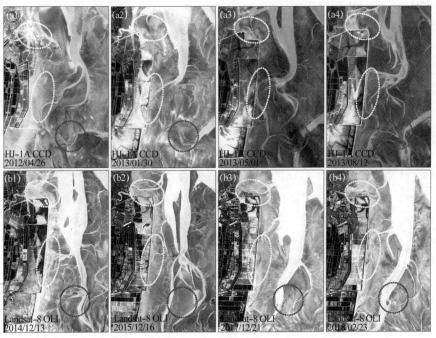

图 2–3 西大港潮沟在不同影像中位置变化（虚线椭圆表示局部变化比较）

其他沿海地区的潮滩湿地演化相关研究有着较强的借鉴意义，也有助于加深对全球潮间带湿地演化规律及其对人类活动响应的科学理解。

2.2 研究数据与预处理

研究区所用数据包括遥感影像数据、DEM 数据和潮位等辅助数据。其中，覆盖研究区的中 / 高分辨率遥感影像 2 000 余景，主要的遥感数据包括美国陆地卫星 Landsat 系列卫星、欧洲航天局 Sentinel 系列卫星以及我国的"高分一号"（GF–1）、"环境一号"（HJ–1）系列卫星数据，以上数据用于江苏中部沿海潮滩典型地貌要素的提取、潮滩岸段和滩面稳定性的评价。地形数据包括江苏中部沿海三期高分辨率的 LiDAR DEM 数据，用于辅助遥感影像几何校正以及潮滩坡度的计算；其他辅助数据包括研究区行政边界矢量数据、海洋水深栅格数据、主要潮位站多年的潮位实测数据和预测潮位。研究使用数据集概况如表 2–1 所示。

表 2–1　研究使用数据概况

数据类型	数据名称	时间范围	数据质量	来源
遥感影像	Landsat–5 TM	1990—2011 年	空间分辨率：30 m、60 m	Google Earth Engine（GEE）
	Landsat–7 ETM+	1999—2013 年	空间分辨率：15 m、30 m、60 m	
	Landsat–8 OLI	2013—2020 年	空间分辨率：15 m、30 m	
	Sentinel–2 MSI	2015—2020 年	空间分辨率：10 m、20 m、60 m	
	HJ–1 A/B CCD	2008—2020 年	空间分辨率：30 m	中国资源卫星应用中心
	GF–1 WFV	2014—2020 年	空间分辨率：16 m	
DEM 数据	LiDAR DEM	2006 年、2010 年	空间分辨率：5 m	江苏省测绘地理信息局
		2014 年	空间分辨率：2 m	
辅助数据	行政区划边界	2020 年	—	资源环境数据云平台
	地形水深	2014 年	空间分辨率：30″	全球海洋测深 DEM 数据集
	潮位预测记录	2009—2020 年	时间分辨率：逐时	预报
	潮位实测数据	1990—2013 年	时间分辨率：每天 4 条记录	实测

2.2.1　遥感影像数据

遥感影像获取是开展本研究工作的重点，也是进行潮滩地貌要素和潮沟系统识别与提取的第一步。考虑到时间序列遥感影像的可用性和可获取性，选择美国的 Landsat–8 OLI（Operational Land Imager）、欧洲航天局的 Sentinel–2 MSI（Multispectral Instrument）以及中国的 GF–1 WFV（Wide Field View）和 HJ–1 CCD（Charge–Coupled Device）这四类遥感影像数据作为主要数据源。这四类传感器所提供的影像能够获得研究区自 1990—2020 年大部分高质量的中分辨率卫星图像，空间分辨率为 10 ~ 30 m。2000—2020 年研究区中等空间分辨率影像统计如图 2–4 所示。

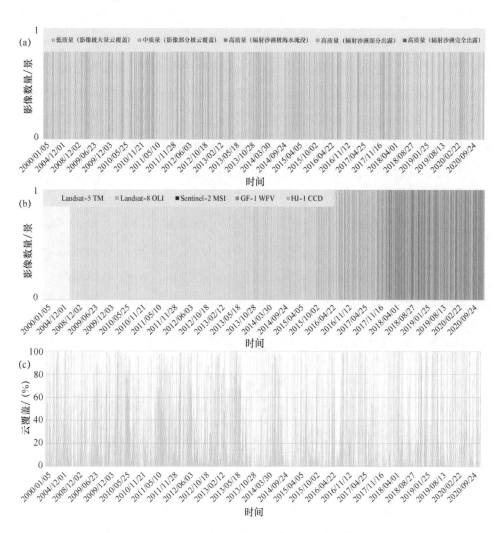

图 2–4　研究区中等空间分辨率影像统计

（1）Landsat 影像数据

美国国家航空航天局（National Aeronautics and Space Administration，NASA）自 1972 年 7 月发射第一颗 Landsat 卫星以来，目前已发射 9 颗，能够提供长时间的中分辨率卫星遥感数据。目前仍在轨运行的卫星为 Landsat–7 卫星、Landsat–8 卫星和 Landsat–9 卫星，最新的 Landsat–9 卫星于 2021 年 9 月发射。由于 Landsat–7 卫星搭载的增强型专题制图仪 ETM+（Enhanced Thematic Mapper）在 2003 年 5 月传感器出现故障，导致此后获取的图像出现了大量的条带噪声，严重影响了数据质量，因此仅使用少量该类型的影像。根据研究的时间段和影像数量，主要选取 Landsat–5 TM（1990—2011 年）和 Landsat–8 OLI（2013—2020 年）两颗卫星的影像，空间分辨率为 30 m。Landsat 卫星影像按照数据预处理的精细程度从低到高分为：原始数据产品（Level 0）、辐射校正产品（Level 1）、系统几何校正产品（Level 2）和几何精校正产品（Level 3）四个等级。用户从美国地质调查局（United States Geological Survey，USGS）网站下载后一般为经过系统校正的 Level 2 产品，根据研究的定位精度要求，可以通过选择地面控制点 GCP（Ground Control Point）的方式完成影像的几何精度校正。

本研究使用的 Landsat 系列影像主要来源于谷歌提供的一个大型公共的可以批处理卫星影像的在线数据集 GEE（Google Earth Engine）（Gorelick et al.，2017）。相比于 ENVI 等传统的影像处理工具和软件平台，GEE 可以快速、批量处理海量的遥感影像，并在在线平台中直接对波段进行指数运算，快速输出区域或全球的计算结果。少量影像来源于 USGS 对地观测网站（https：//earthexplorer.usgs.gov/），形成了空间上覆盖整个江苏沿海区域、时间上覆盖 1990—2020 年的 Landsat–5 TM 和 Landsat–8 OLI 卫星影像数据。其中，Landsat–5 TM 卫星影像 224 景，Landsat–8 OLI 卫星影像 172 景，云覆盖低于 10% 的影像 87 景。

（2）Sentinel–2 影像数据

Sentinel（哨兵）是由欧洲航天局（ESA）研制的系列卫星，目前共有 7 颗在轨卫星，其中不仅包括光学卫星，还包括雷达卫星。Sentinel 卫星所搭载的传感器类型更多、应用领域更广。其中，Sentinel–2 卫星是最常用的光学系列卫星，于 2015 年 6 月 23 日发射，其携带的多光谱成像仪 MSI 可覆盖 13 个光谱波段，在

3 个可见光波段和 1 个近红外波段的地面分辨率能够达 10 m，在 3 个红边波段和 2 个短波红外波段的空间分辨率为 20 m。Sentinel–2 卫星包括 2A 和 2B 两颗卫星，两颗卫星的传感器参数一致，单星的重访周期为 10 天，A/B 双星的周期缩短一半。与 Landsat 影像相比，Sentinel–2 卫星的空间分辨率由 30 m 提高到 10 m，时间分辨率也由 16 天缩短为 5 天，对精细地物的提取及时间序列的分析十分有效。

Sentinel–2 卫星的产品处理级别从低到高分为：原始数据产品（Level 0）、几何粗校正产品（Level 1A）、辐射率产品（Level 1B）和几何精校正后的大气表观反射率产品（Level 1C）四个等级。目前直接下载的 Sentinel–2 卫星数据一般为 Level 1C 等级，辐射定标和大气校正后的大气底层反射率数据则需要用户自己进行处理。由于研究区的影像数量较多，若对每一景影像均采用 ENVI 软件进行辐射定标和大气校正，工作量会很大。而 GEE 在线平台则提供了辐射定标和大气校正后的大气反射率产品，因此，研究所使用的 Sentinel–2 卫星影像也基于 GEE 平台下载。经统计，研究收集了江苏中部沿海 2015—2020 年的 Sentinel–2 MSI 卫星影像共 427 景，其中，Sentinel–2A 卫星 252 景，Sentinel–2B 卫星 175 景，云量低于 10% 的影像共 132 景。

（3）高分系列影像数据

除以上两种常用的国外遥感数据之外，本研究还选择了国产的 GF–1 卫星。GF–1 卫星是我国高分辨率对地观测系统中的首发星，于 2013 年 4 月 26 日发射，轨道高度 645 km，重访周期为 4 天。其搭载了高分相机 PMS 和宽幅相机 WFV 两种类型的传感器。其中，PMS 相机可以获取 2 m 全色、8 m 多光谱的彩色图像，成像幅宽较小，约为 60 km；WFV 相机则可以获取 16 m 的多光谱图像（蓝、绿、红、近红外 4 个波段），成像幅宽可达 800 km。考虑数据获取的难易程度，本研究选用 16 m 空间分辨率的 WFV 影像，数据来源于中国资源卫星应用中心（CRESDA，http://www.cresda.com）。本研究共收集 2013—2020 年覆盖研究区的 GF–1 卫星 WFV 影像 405 景，其中，云量低于 10% 的影像 239 景。

（4）"环境一号"卫星影像数据

"环境一号"卫星系统是我国第一个专门用于环境和灾害监测的对地观测系统，由两颗光学卫星（HJ–1A 卫星和 HJ–1B 卫星）和一颗雷达卫星（HJ–1C 卫星）组成。其中，HJ–1A 卫星和 HJ–1B 卫星于 2008 年 9 月 6 日采用"一箭双星"的方式发射，其搭载 2 台宽幅多光谱可见光相机和 1 台超光谱成像仪，两颗卫星上装载的 CCD 相机设计参数相同，4 个多光谱波段，地面分辨率为 30 m。HJ–1A 卫星和 HJ–1B 卫星的轨道高度完全相同，相位相差 180°，组网后卫星的重访周期约为 2 天，大大提高了影像的时间分辨率，可实现国土资源与环境的动态监测。HJ–1 卫星数据来源于中国资源卫星应用中心（CRESDA, http：//www.cresda.com）。经统计，覆盖研究区 2008—2020 年的 HJ–1 A/B 卫星 WFV 影像共1 539 景，其中，云量低于 10% 的影像 485 景。

本研究统计了江苏中部沿海中分辨率遥感影像的数量及质量，覆盖研究区的遥感影像 2 767 景，但光学影像易受云雨天气的影响，将所有的影像按照云量低于 10% 进行筛选，共有 944 景为无云或低云影像（图 2–5）。由于 HJ–1 CCD 和GF–1 WFV 卫星的重访周期较短，仅 2 天就可重复对地观测，因此可用的影像数量较多；随着 2017 年 Sentinel–2B 卫星的发射，哨兵数据的重访周期缩短至 5 天，可用数量也逐渐增多。此外，潮沟系统受潮位的影响较大，尤其是潮沟中段在高 / 低潮位时刻，沟型特征差距很大（图 2–6），因此，潮沟的提取应该选择低潮位成像的影像，以保证潮沟的数量最多、潮滩出露面积最大［图 2–6（a）和（b）］。通过结合潮位观测数据和目视判读，研究区 2000—2020 年共有 155 景影像为低潮位且云量覆盖较小的高质量遥感影像，用于潮沟系统的提取及潮滩稳定性分析。

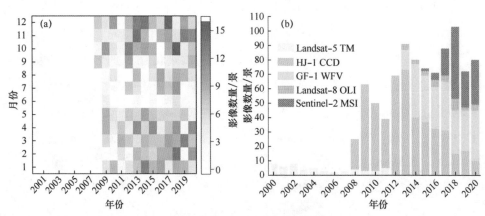

（a）每月影像数量；（b）传感器影像数量。

图 2–5 研究区云量低于 10% 的影像数量统计

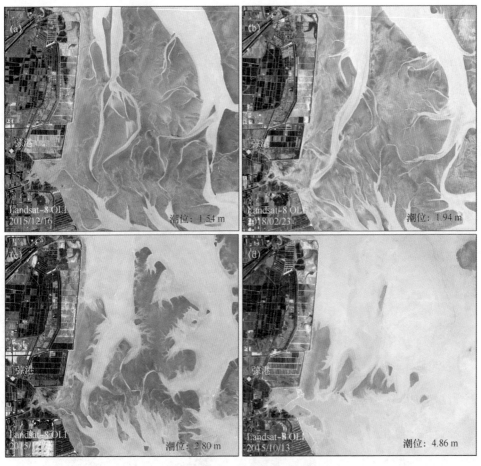

（a）~（b）低潮位；（c）中潮位；（d）高潮位。

图2-6 不同潮位下潮滩的出露范围

由于要对多源潮沟系统进行叠置，因此要首先进行影像间的几何位置配准。通过目视解译可知，Landsat-8 OLI与Landsat-5 TM属于同一系列卫星，经过几何精纠正后，其位置偏差很小；Sentinel-2 MSI与Landsat-8 OLI卫星位置偏差也较小［图2-7（a）和（c）］。将Landsat-8 OLI影像与我国GF-1 WFV影像相比较，可知两类影像的几何位置偏差相对偏大（为1~3个像元）；而将Landsat-8 OLI与HJ-1 CCD影像进行叠加显示，两者的几何位置偏差较大，相差3~10个像元，部分地区几何位置偏差超过10个像元［图2-7（b）和（d）］。因此本研究以Sentinel-2 MSI和Landsat-8 OLI两类数据为基准影像，通过在道路交叉口、农田和鱼塘的拐点等位置选择 10 个以上的地面控制点，对 GF–1 WFV 和 HJ–1 CCD 影像进行几何精校正，校正后每景影像的几何位置偏差小于 0.5 个像元。几何校正后所有影像均设置为 WGS–84 基准，投影类型为 WGS_1984_UTM_Zone_51N。

图 2–7　不同卫星影像间的几何位置偏差

2.2.2　DEM 数据

　　DEM 数据是地形、水文、流域等研究的重要基础数据。一般而言，流域分析大多基于 30 m 分辨率的 ASTER GDEM 数据，而江苏中部沿海潮滩地势较为平坦，地形起伏度不明显，GDEM 数据无法满足潮滩详细地貌特征分析的需求。为了反映潮滩的高程起伏和计算局部潮滩的坡度，本研究收集了三期高分辨率机载激光雷达生成的 LiDAR DEM 数据，均为低潮时刻获取。具体包括：2006 年 4—5 月采集的 5 m 空间分辨率数据、2010 年和 2014 年采集的 2 m 空间分辨率数据，覆盖范围从北部的射阳河口至南部的掘苴口的沿岸潮滩以及辐射沙洲。

2.2.3 其他辅助数据

基础数据包括：江苏省各市（县、区）行政区划边界，江苏中部沿海及其辐射状沙脊群海域的水深数据，以及江苏中部沿海近 40 年 20 余个时段的遥感反演潮滩高程模型数据。

潮沟系统的提取结果与潮滩的出露范围直接相关，而判定潮滩是高潮位还是低潮位主要依据潮位站的观测数据。潮位数据来源于国家海洋信息中心发布的潮汐预测数据和研究区内的实测潮位历史数据。本研究收集了江苏沿海 2009—2020 年射阳河口、大丰港、新洋港、吕四港、弶港、小洋港、洋口港、陈家坞潮位站的逐时潮位观测数据，以及 1990—2013 年江苏沿海射阳河口、斗龙港、川东河口、东台河口、梁垛河口、新洋港、弶港、小洋港等潮位站的潮位观测数据，辅助判别不同时刻成像的影像（潮位站的空间分布位置如图 2-1 所示）。

第3章 海岸带潮滩特征要素提取

海岸带潮滩受到潮汐、波浪、风暴潮等因素的影响，遥感影像中水边线处于时刻变动的状态。根据平均大潮高潮线和平均大潮低潮线，可将潮滩自陆地向海洋方向分为潮上带、潮间带和潮下带。其中，潮上带是位于平均高潮线与最大涨潮线之间，一般情况下潮水不能到达，仅在发生风暴潮时能够到达的区域。潮间带是指最高潮位与最低潮位之间的海岸滩涂，又可分为潮间上带、潮间中带和潮间下带。潮间上带的上界为大潮高潮线，下界是小潮高潮线，只在大潮时被海水淹没；潮间中带的上界是小潮高潮线，下界为小潮低潮线，是典型的潮间带地区；潮间下带的上界是小潮低潮线，下界为大潮低潮线，只在落潮时才露出水面。而潮下带则位于平均低潮线以下、海底以上的浅水区域，一般水深为 3~5 m，波浪和水动力作用强。就研究区所在的江苏中部沿海潮滩而言，自陆地向海洋方向主要包括盐沼带、潮间中上带和潮间下带（即光滩）几个分带（图 3–1）。

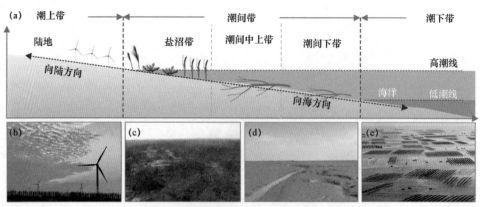

图 3–1　海岸带潮滩的横向分带及空间关系示意

　　潮滩要素根据其空间位置和形态特征分布在不同的潮滩滩面上，如围垦区大多是由人类活动产生，主要分布在潮滩的上界；盐沼是指受海洋潮汐周期性或间歇性影响，在海岸带覆盖具有耐咸水或淡咸水植被的滩涂，主要分布在潮间带中的潮间上带和潮间中带。潮沟是受海水冲刷形成的冲沟，是潮滩上最活跃的地貌单元，其主要分布在潮间下带的光滩，末梢延伸至潮间中上带。主要的海产品如牡蛎、紫菜的养殖都需要有合适的潮位和流动的海水等条件，主要分布在沿岸的潮下带和辐射沙洲间流动的潮汐通道边缘。不同潮滩特征要素的空间分布和演变均对潮滩稳定性产生一定的影响，因此，潮滩要素的提取是潮滩稳定性评价的第一步。本研究从岸段和滩面两个角度进行潮滩稳定性特征分析，因此，本章主要研究内容分为海岸线提取、潮沟系统提取以及人类活动要素提取三个方面（图 3–2）。

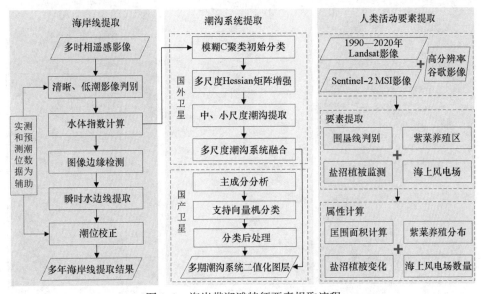

图 3–2　海岸带潮滩特征要素提取流程

3.1　基于边缘检测和潮位校正的海岸线提取

3.1.1　潮滩典型特征线指标

　　海岸带位于海洋和陆地的过渡地带，其分界线被称为海岸线。从海岸带可持续发展及综合管理的角度,掌握海岸带几种典型的特征线,对于有效实施海岸带潮滩的保护和利用具有重要意义。研究区自陆向海主要的特征线包括:湿地线、围垦线、平均大潮高潮线、盐沼外缘线、低潮水边线(图 3-3)。

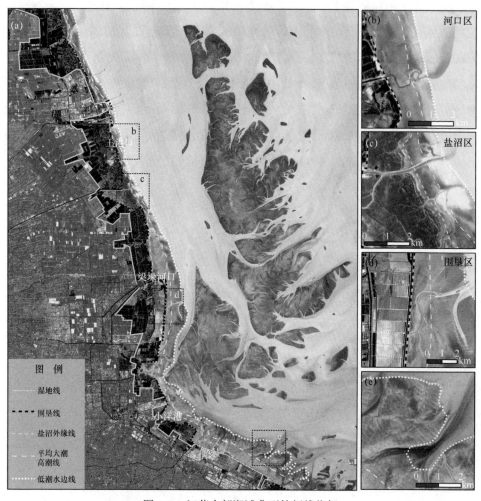

图 3-3 江苏中部潮滩典型特征线指标

(1)湿地线:为滨海湿地陆地方向的外缘线,处在陆地和海洋两大生态系统的交错过渡带,受到海洋潮水和陆地河水的双重影响。自然湿地主要包括盐沼植被、潮间带等,人工湿地主要包括人工水库、养殖鱼塘、水田等。

(2)围垦线:指根据滩涂养殖鱼塘以及围填海工程形成的最外侧堤坝,主要包括养殖鱼塘、盐田围垦边界、港口堤坝和填海造陆堤坝，是抵御沿岸自然灾害、保障沿海人民安全的重要屏障。

（3）平均大潮高潮线：指平均大潮高潮时水陆分界的痕迹线。大潮高潮线为海水向陆地冲刷能够到达的最高痕迹线，该条界线每月被海水淹没的次数较少，只有在每月的大潮时才能被海水淹没。

（4）盐沼外缘线：指海岸带耐盐植被靠海一侧的边界，据野外实地调查，江苏沿海盐沼区主要的盐生植被包括碱蓬、大米草和互花米草，其中碱蓬与大米草相接，大米草与互花米草相接，研究区的盐沼外缘线是指互花米草靠近海洋一侧的边界。

（5）低潮水边线：为海洋和陆地的瞬时交界线，受潮汐作用的影响一直处于变动状态。一般而言，在低潮时水边线靠近海洋；高潮时水边线一般能够到达或超过盐沼外缘线。水边线是海岸线提取与校正的一条重要参考线，对于反映海岸线前进或后退的距离和速度变化，具有十分重要的参考价值。

3.1.2　基于边缘检测的水边线提取方法

水边线为海洋和陆地的瞬时分界线，具有随潮汐和波浪周期性变化的特点。随着遥感技术的迅速发展，可用遥感影像数量的大幅增加，基于遥感影像提取水边线成为一种有效的手段。目前，常用的水边线提取方法包括："水体指数＋阈值分割"法、边缘检测法、面向对象方法、数学形态学等方法。已有研究对几种水边线自动提取方法进行了比较（吴一全 等，2019）。结果表明，阈值分割法简单、易于实现，阈值的选取是关键，提取精度有待提高；边缘检测法模型提取速度快，但提取结果连续性不佳。以上两种方法比较适用于背景较为单一的水边线，如砂质岸线、基岩岸线等。面向对象方法可用于较为复杂背景中遥感影像水边线的检测，但在中分辨率遥感影像中提取效果不佳。

本研究在综合以上水边线提取方法优缺点的基础上，提出采用"水体指数＋阈值分割＋数学形态学"多种方法相结合的策略，得到研究区水边线（图3-4）。通过选择研究区高质量、水陆边界清晰的卫星影像，对数据进行一系列辐射定标、大气校正和几何精校正预处理。需要说明的是，对于 Landsat-8 OLI 和

Sentinel–2 MSI 影像来说，这两种数据来源于 GEE 在线数据集，能够下载辐射校正后得到的地表反射率数据，因此这两种传感器影像可以直接进行水体指数的计算。对于我国 GF–1 WFV 影像和 HJ–1 CCD 影像来说，几何位置与 Landsat–8 OLI 均有所偏差，因此要首先进行几何精校正处理。

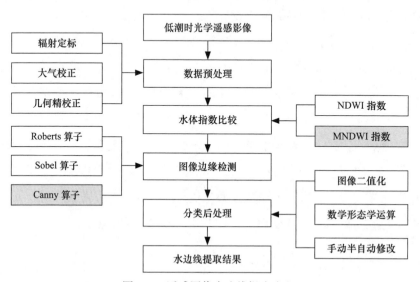

图 3–4 遥感图像水边线提取流程

　　根据所用影像所包含的波段，选择水体指数进行初步的水陆分离。已有研究多采用 NDWI 指数和 MNDWI 指数进行水体的提取（Mcfeeters，1996；徐涵秋，2005），且后者对水体提取的效果更佳。由于 Landsat–5 TM、Landsat–8 OLI 和 Sentinel–2 MSI 影像均包括绿色波段和中红外波段，选择采用 MNDWI 水体指数；而对于少量高质量影像缺失的年份，选择 GF–1 WFV 和 HJ–1 CCD 影像进行补充，这两类影像包括绿色波段和近红外波段，选择采用 NDWI 水体指数。首先对原始影像执行标准假彩色合成［图 3–5（a）］，经过水体指数运算后，海水的亮度值增高，而陆地的亮度值降低［图 3–5（b）］。在此基础上，基于 Matlab 分别对几种常用的边缘检测算子进行对比。结果表明，Roberts 算子对图像边缘的定位精度高，但没有对边缘进行平滑处理；Sobel 算子对边缘进行了平滑处理，但容易出现多像素宽度；Canny 算子采用双阈值算法对图像边缘进行检测和平滑处理，效果最好。因此，本研究采用 Canny 算子对水体指数的结果进行处理，实现海洋和陆地的二次分割［图3-5（c）］。在图像边缘检测完成后，我们可以看到海陆分界线的边缘存在断线的情况，且有大量的碎图斑。因此，我们采用数学形态学的开运算，先对图像进行膨胀处理，使边缘小区域断线得到连接，然后再进行腐蚀操作，得到细化后的图像边缘。而对于图像中存在的大量碎图斑，则通过选择像元数量小于某一个数值（如50），然后执行擦除操作即可完成。通过以上多种方法的结合，完成对时间序列影像中水边线的提取［图3-5（d）］。

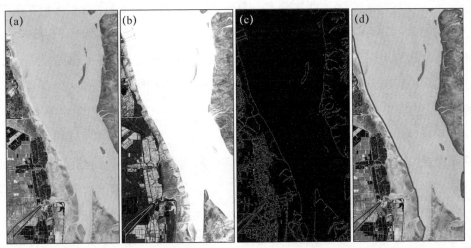

（a）Landsat-8 OLI 合成影像；（b）NDWI 指数；（c）Canny 算子海陆分割；（d）水边线提取结果。

图3-5 基于边缘检测和数学形态学的水边线提取

3.1.3 基于潮位校正的海岸线提取结果

受潮汐、波浪、风暴潮等因素的影响，海陆分界线处于时刻变动的状态。因此，海岸线应该是无数条海陆分界线的集合，而不是一条固定的线。为了便于管理和描述，在地图测绘相关标准中通常将海岸线定义为平均大潮高潮线时水陆分界的痕迹线。根据海岸的地理环境、空间形态及其开发利用特征，海岸线一般可分为自然岸线和人工岸线两类，其中，自然岸线主要包括基岩岸线、砂质岸线、淤泥质岸线、生物岸线和河口岸线五种类型；而人工岸线一般分为围垦修筑的堤坝岸线、港口码头的修筑岸线以及用于养殖、农田的人工修筑岸线。在形态特征上，不同的自然岸线类型差异明显。其中，基岩岸线曲折、多锯齿状；砂质岸线较为平直，呈带状分布；淤泥质岸线平直，潮沟发育明显；生物岸线有明显的植物生长痕迹；河口岸线分布于河流入海口，形状较为复杂。人工岸线的类型则相对一致，总体呈现岸线规则、平直的特点，多以道路或者人工建筑边缘作为标志来判别（索安宁，2017）。

江苏海岸类型包括基岩海岸、砂质海岸和淤泥质海岸三种类型，其中中部沿海多为粉砂淤泥质海岸，坡度平缓，潮滩资源丰富。研究区潮汐以半日潮为主，每天均有两次高潮和两次低潮，且两次高潮或低潮的高度不相等，涨潮与落潮的时间也不相同。高潮时刻，海水能够冲刷到达陆地，水边线靠近陆地一侧，潮滩出露范围小；低潮时刻，水边线靠近海洋一侧，潮滩的出露范围大。由于受潮位的影响较为明显，若以瞬时水边线作为海岸线则会出现较大的误差。研究区南北方向相差约 200 km，沿岸设有多个潮位站，不同区域的潮位也不相同。从高质量的遥感影像中能够清晰识别海洋和陆地的分界线，也就是瞬时水边线，而水边线并非是指海岸线。不同成像时刻的水边线均不重合，且在涨潮和落潮时相差很大，将水边线直接作为海岸线显然不合适。针对以上情况，本研究以多个潮位站观测的潮位数据作为辅助数据，对提取的水边线数据采用潮位校正的方法进行修正，进而推算得到淤泥质海岸的海岸线。在弯曲度较大的河口岸段则主要以植被的边缘线或河道突然变宽的部位作为参考，人工岸段则通过人工目视解译的方法进行识别，然后将各个分段的岸线连接，形成连续的海岸线。

本研究通过收集覆盖江苏中部沿海 1990—2020 年无云或少云覆盖、高质量、清晰的中等空间分辨率遥感数据，用于提取完整的水边线。值得注意的是，应尽量选择潮位差异明显的遥感影像，使在同一时段提取的两条水边线在空间上具有明显的区分度。将水边线修正为海岸线的步骤如下：①离散水边线。由于同一条水边线在不同位置的潮位和坡度不同，因此我们将水边线按照 500 m 的间隔进行分割，在河口等复杂岸滩处可以减小分割距离，得到多个离散点。②绘制分割线。以离散点为基准，作垂直于水边线的垂线，得到多条分割线，在较为曲折的岸滩附近，可以手动调整分割线，使分割线与水边线基本垂直。③离散点潮位赋值。根据研究区潮位站的潮位数据，通过插值得到整个研究区的潮位，并将预测的潮位值赋值给离散点，完成离散点潮位的赋值。④滩面坡度计算。利用同一条分割线对两条水边线离散点的坐标和潮位进行计算，得到两条水边线范围内滩面的平均坡度。⑤海岸线推算。基于平均坡度，结合平均大潮高潮位数据，首先推算出平均大潮高潮线中离散点在分割线上的位置，然后将离散点连成线，得到平均大潮高潮线。需要注意的是，在淤泥质和砂质海岸，若计算的平均大潮高潮线超过了人工岸线，则以人工岸线为海岸线；否则以平均大潮高潮线为海岸线；在入海口，以河口岸线作为海岸线。最后将各部分岸线连接起来得到海岸线（贾明明 等，2013；孙孟昊 等，2019）。下面以两景影像为例，展示海岸线的推算过程。

　　海岸线位置修正示意如图 3–6 所示，假设提取的两景卫星影像成像时刻的水边线位置分别为 C_1 和 C_2，水平距离为 ΔL，潮位高度分别为 h_1 和 h_2（$h_2 > h_1$），则有：

$$\theta = \arctan\left[(h_2 - h_1)/\Delta L\right] \tag{3–1}$$

$$L = (H - h_2)/\tan\theta \tag{3–2}$$

式中，θ 为海岸坡度；H 为平均高潮位的潮水高度；L 为水边线距海岸线的距离，即海岸线的修正距离。

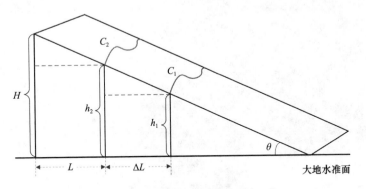

图 3–6　海岸线位置修正示意

　　本研究以两景 Landsat–8 OLI 影像为例进行说明，成像日期分别为 2013 年 10 月 23 日和 2013 年 12 月 10 日，两景影像的成像质量均较高，海陆分界线清晰，云覆盖分别为 2% 和 4%。首先对两景影像分别提取水边线，并在水边线上生成离散点；其次根据当日潮位站提供的潮位数据进行空间插值，并对每一个离散点进行赋值，得到每个点的潮位；最后根据同一条垂线上两个离散点间的距离和潮位，计算得到局部潮滩坡度。经查询，该研究区附近的新洋港潮位站多年平均高潮位为 280 cm，进而可以推算海岸线的位置（图 3–7）。从图中可以看出，该区位于江苏盐城湿地珍禽国家级自然保护区附近，海岸线类型依旧为自然岸线，盐沼带与潮间中上带的界限清晰，校正后的海岸线与潮间中上带的上界位置基本重合，说明校正后的海岸线精确度较高。

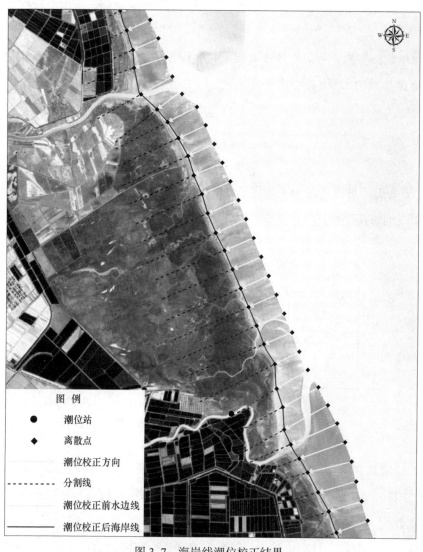

图 3–7　海岸线潮位校正结果

3.1.4 江苏中部沿海海岸线提取结果

本研究基于遥感影像提取的水边线，经潮位校正后得到 1990—2020 年的海岸线数据。为减小不同传感器产生的位置偏差，尽可能选择同一卫星成像的影像。考虑遥感影像的成像质量和时间周期，本研究主要基于 Landsat 系列影像，对于某些年份成像质量不佳的影像，则选择以其他卫星影像代替。经潮位校正后得到 31 条海岸线，其中，基于 Landsat–8 OLI 提取的海岸线 8 条，基于 Landsat–5 TM 提取的海岸线 22 条，基于 HJ–1 CCD 提取的海岸线 1 条。为了更清晰地展示不同年份海岸线的变化情况，本研究对 1990—2020 年海岸线每隔 10 年划分为一个时间段，共 4 个时间段，提取结果如图 3–8 所示。结果表明，

图 3–8　1990—2020 年江苏中部沿海海岸线提取结果

由于海岸带开发，江苏中部沿海海岸线类型总体表现为自然岸线递减，人工岸线逐渐增加，大量的自然岸线被人工岸线代替。自然岸线由 233.82 km 大幅减少至 118.49 km，人工岸线由 4.31 km 快速增加至 130.67 km，人工岸线的增加使海岸线总长度有所增加，海岸线总长度由 1990 年的 238.13 km 增加至 2020 年的 249.16 km。在时间维度上，1990—2015 年人工岸线逐年增加，尤其是自 2009 年以来，沿海围垦工程的扩张和沿岸港口码头的修建，使人工岸线的比例越来越高。但自 2017 年滨海湿地围填海被严格管控以来，人工岸线的长度基本不变。在空间维度上，人工岸线主要分布在北部的运粮河口至射阳河口以南的岸段，以及南部的小洋港至洋口港之间曲折的岸段；自然岸线则主要集中分布在射阳河口至梁垛河口，岸线较为平直，其他地方的自然岸线呈零星分布。

3.2 基于多尺度增强与支持向量机的潮沟系统提取

潮沟系统类似于陆地的河流系统，它是发育在砂质或淤泥质潮滩，受海水冲刷作用和潮汐周期性涨落形成的潮沟，它是潮滩上水、沙物质传输的通道，也是海陆相互作用中最活跃的微地貌单元（Fagherazzi et al., 1999）。潮沟大多分布在潮间带，尤其是潮间下带的光滩，常发育成树枝状、羽状等形态（Abrahams, 1984；Rinaldo et al., 1999）。但与陆地上单向流动的河流系统相比，潮沟系统是双向流动的，口门与潮汐水道等相通，延伸至潮间中上带，末梢尖灭终止于盐沼区的植被、海堤或者与陆地相连的排水道。潮沟在船舶停靠、生物生长、鱼类栖息地、泥沙沉积和防洪方面发挥着重要作用（Coco et al., 2013；Kearney et al., 2016），对于维持潮滩沉积过程和水动力环境之间的平衡尤为重要（Fagherazzi et al., 1999；Zhao et al., 2019）。在潮汐、波浪、风暴潮等自然因素以及围垦、港口建设等人类活动的共同影响下，潮沟系统常表现出频繁摆动、侧向迁移、相互侵袭、淤死又活化等特征（Harvey et al., 1987；Rizzetto et al., 2012；Vandenbruwaene et al., 2012），贯穿了整个潮滩的演化全过程，在很大程度上决定了相邻汇水滩面（潮盆）的稳定性。因此，潮滩的表面一直处于淹没和出露反复交替状态，由此产生的侵蚀导致滩面呈现持续不稳定特征，稳定性差异显著。

3.2.1 潮沟系统提取的难点

潮沟系统的快速、准确提取是潮滩稳定性分析的第一步。卫星影像因其固有的高频重访周期、相对低廉的成本价格，能够保障在潮沟系统监测中提供长时间序列有效的数据支撑。受多种动力作用控制，潮沟系统反映在遥感数据集中的特征由于曝滩时间、地貌部位、潮汐状况等影响差异甚大，已有很多研究均基于人工目视解译提取潮沟系统。该方法提取效率低，且精度依赖于研究人员的经验，若应用到潮沟系统十分发育的区域，则提取工作量很大，且提取结果不够客观。随着航天、航空遥感数据量的迅速增长，考虑到研究成本与提取结果的可信度，很难将目视解译方法应用于更多时相乃至时间序列影像中潮沟系统的提取。就中/高分辨率遥感影像而言，潮沟系统的自动提取，存在以下难点。

（1）潮沟系统自身的形态结构十分复杂，常发育成树枝状、羽状、辫状等复杂结构，且其侧向摆动和迁移使得其自身的几何形态具有高度的蜿蜒性和弯曲度，形成不仅有平直发育的潮沟，也有拓扑结构复杂多变的潮沟系统。江苏中部沿海属于粉砂淤泥质海岸带，潮滩高程起伏较小，坡度平缓，使潮沟系统在局部区域的流向具有不确定性（Marani et al., 2002）。受海洋动力作用的影响，潮沟自海向陆的冲刷过程中，动力作用会逐渐减弱，造成潮沟在不同潮间带位置的尺度差异显著，有宽数千千米的大型潮汐岔道，也有亚米级的细小潮沟（Hood, 2007）。一个完整的潮沟系统通常由一条主潮沟和一系列的分支潮沟组成，对于前者一般可以采用水体指数或者阈值分割得到，而后者全自动提取较为困难。江苏中部沿海潮沟多发育为树枝状（图3-9），为了便于对潮沟发育的等级进行描

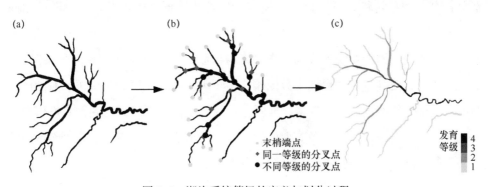

图3-9　潮沟系统等级的定义与划分过程

述，本研究采用 Horton–strahler 提出的方法，即以与海洋相连接的主潮沟为最高等级，没有分支的末端潮沟被手动定义为第 1 等级，当相同等级潮沟汇合时，等级就加 1；当不同等级潮沟汇合时，等级与最高等级的潮沟相同（Horton，1945；Strahler，1952）。综上所述，潮沟系统由于复杂的几何结构特征差异，单一的提取方法很难取得令人满意的结果。

（2）潮滩背景环境复杂多变，潮沟系统自潮下带向潮上带冲刷的过程中会流经多个地理相带，不同潮间带的光谱特征差异较大。在中分辨率遥感影像中，潮沟系统的中、上段的光谱特征极易与潮间带相混淆，下段由于潮浸频率高，光谱特征又与海水相似。在遥感影像中，不同分带由于植被覆盖度、土壤含水量的不同，导致潮滩表面的光谱反射率也各不相同。因此，潮沟系统在不同沟段的光谱特征存在较大的异质性差异（图 3-10）。同时，由于直接受到海洋水动力和潮汐作用的影响，潮沟系统在不同时间表现出膨胀和收缩现象，尤其是在潮沟中段的变动最为明显。通过对不同尺度的潮沟进行直方图统计可知，大尺度潮沟中潮滩背景与目标潮沟呈现"双峰"分布，提取相对较易［图 3-10（e）］；而对于处在末梢的小尺度潮沟［图 3-10（d）］，由于在整个研究区分布最广、数量最多，其光谱特征与滩潮背景极为相近，很难实现自动提取［图 3-10（f）］。不同潮位高度下潮沟显示的数量和范围差异明显，如在低潮位时刻，潮沟的数量最多，在高分辨率影像中可以识别很多细小潮沟，此时潮滩的出露范围也最大；而在高潮位时刻，几条大的潮汐通道向陆地冲刷，遥感影像中潮滩基本被海水淹没。本研究是从潮沟系统频繁变化和摆动的角度出发，来分析潮滩的稳定性特征，因此，所使用影像均为低潮时刻获取，潮滩的出露范围最大。

综上所述，潮沟系统的几何形态和光谱特征在不同沟段、不同潮位、不同季节变化各异，使其自动化提取十分困难。由于本研究所使用的为多源、时间序列的中/高分辨率遥感影像，各类数据所包含的波段信息不同，为此，我们根据不同遥感影像数据源差异，以及获取的影像是否为地表反射率数据、是否包含短波红外波段，分别提出两套不同的潮沟提取方案。

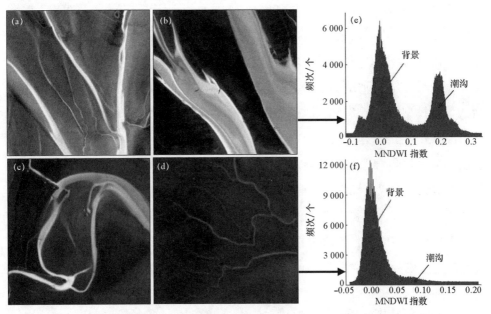

（a）~（d）不同曲率和不同尺度的潮沟；（e）~（f）不同尺度潮沟系统与潮滩背景的直方图。

图 3-10　多尺度潮沟系统形态分异特征

3.2.2　模糊 C 均值聚类的潮滩背景均一化

　　研究区所处的海岸带潮滩背景复杂，主要包括海堤、盐沼、光滩、潮沟系统等地貌单元，这些复杂背景的光谱特征差异明显，部分潮滩背景与目标地物（潮沟系统）的光谱差异较小，导致从背景中提取目标地物存在很大难度，提取的结果存在较大误差。因此，为了将潮滩背景与目标地物区分开来，本研究拟采取"分而治之"的原则分别对不同尺度的潮沟系统进行处理。其中，大、中尺度的主潮沟提取遵循以下步骤方法：①水体指数计算得到初始的水体计算结果；②模糊 C 聚类（Fuzzy Clustering Method，FCM），对潮滩特征进行隶属度归类，初步将潮沟与背景潮滩分割开来，从而得到大、中尺度主潮沟系统的提取结果；③在 FCM 基础上，执行基于光谱偏差修正的模糊 C 均值聚类 BCFCM（a Bias field Corrected modified Fuzzy Clustering Method，BCFCM）算法，对复杂背景潮滩进行均一化处理。

在水体指数的选取上，目前比较常用的为 NDWI 指数和 MNDWI 指数（Mcfeeters，1996；徐涵秋，2005）。本研究分别将 NDWI、MNDWI 和 AWEI 几种水体指数进行 FCM 计算，结果表明，MNDWI 在研究区潮滩背景均一化中效果最好。由于研究所使用的多源遥感影像所包含的波段不同，分别选用不同的水体指数计算模型。对于 Sentinel–2 MSI 和 Landsat–8 OLI 影像来说，包含绿光波段和短波红外波段，选用 MNDWI 水体指数；而对于 GF–1 WFV 和 HJ–1 CCD 来说，在红外波段仅包含近红外波段，因此选用 NDWI 水体指数进行计算。需要说明的是，对大、中尺度潮沟的提取没有直接采用水体指数结合阈值分割的方法，这主要是由于研究区主要为粉砂淤泥质潮滩，水体指数计算后，一些泥滩区域的亮度值也较高，泥滩与目标水体的光谱特征混淆严重，潮沟的形态特征不明显，且在时间维度变动明显。因此，使用单一的阈值分割方法无法将大、中尺度的主潮沟有效地分割开来。

在蓝光和绿光波段中，由于研究区潮滩背景环境复杂，潮沟系统与周围潮滩背景的光谱差异微弱，这种现象使潮沟与潮滩的界限难以划定。硬聚类算法将像元分为不同的类别，每个像元只能分配一个类别。相比之下，模糊 C 聚类（FCM）能够计算像素与每个类别的邻近度，并将像素分配给概率最高的类别（Ghosh et al.，2011；Yang et al.，2015b）。我们采用 FCM 聚类算法从影像中分割出大、中尺度的潮沟系统，并生成潮沟的二值化图像。FCM 聚类算法的基本思想是，通过为潮滩上每一个像元分配一个 0 ~ 1 的隶属度（Biosca et al.，2008；Mukhopadhyay et al.，2009；Zhong et al.，2013），从而实现潮滩影像的分类结果。经过模糊 C 均值聚类处理后，潮沟在绿光波段中呈现高亮峰；在近红外波段中，潮沟边缘呈现低反射峰，FCM 标准化公式如下：

$$J_p = \sum_{i=1}^{c} \sum_{k=1}^{N} u_{ik}^p \left\| x_k - v_i \right\|^2 \qquad (3\text{--}3)$$

式中，J_p 表示均值聚类结果，$p \in [1, +\infty]$，表示模糊系数，又称加权指数；$u_{ik} \in [0, 1]$，表示像元 x_k 属于类型 v_i 的类别隶属度；N 表示像元总数；k 表示聚类中心；c 表示图像的类别数；i 表示第 i 个像元；v_i 表示像元 i 的初始类别中心；$\left\| x_k - v_i \right\|^2$ 为目标像元 x_k 与类别中心 v_i 之间的欧式距离。

　　如上所述，FCM 方法能够在一定程度上减少复杂异质背景的影响，初步得到大、中尺度的潮沟系统。然而，潮滩与潮沟相连接的过渡带光谱十分相似，这些区域多发育细小尺度的潮沟，对细小潮沟的提取存在较大的困难。因此，研究在 FCM 结果的基础上，借助于 Yang 等（2015b）提出的光谱偏差修正的模糊 C 均值聚类（BCFCM）算法，将其用于提取内陆河流的思路转移到潮沟的提取上。本研究选取高泥沙洲中细小潮沟发育程度较高的一个样区进行展示。结果表明，原始 MNDWI 的亮度值集中在［–0.1，0.1］，仅影像右上部分的中尺度潮沟能够识别［图 3–11（a）和（b）］；经过 BCFCM 运算后，可以看出潮滩的复杂背景得到了均衡化处理，目标潮沟尤其是细小潮沟得到了凸显，目标地物的亮度值也更为集中，直方图峰值位于 0.04 处［图 3–11（c）和（d）］。

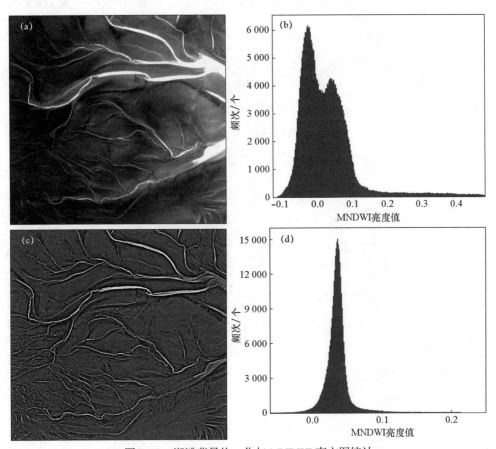

图 3–11　潮滩背景均一化与 MNDWI 直方图统计

3.2.3　多尺度 Hessian 矩阵增强的细小潮沟提取

潮沟系统由于自身多变的几何形态和尺度分异特征，使用传统的水体指数及单一的边缘检测方法无法满足复杂潮沟系统的提取要求，尤其是尺度较小的线状水体。本研究结合多尺度 Hessian 矩阵分析方法，构建了针对潮沟系统等复杂线状水体的滤波器（Frangi et al., 1998）。Hessian 矩阵增强的基本思想是根据连续变化的不同尺度来获得目标地物特征，从而深入挖掘图像的信息。对不同宽度的潮沟需要对应不同尺度的线状要素描述算子方能进行有效的目标增强。本研究首先通过将原始影像与二维高斯核函数运算进行卷积运算：

$$I_\sigma(x,y) = I_0(x,y) \otimes G(x,y,\sigma) \tag{3-4}$$

式中，σ 为尺度因子；I_σ 为对应尺度因子 σ 下的图像。高斯核函数 $G(x,y,\sigma)$ 的表达式如下：

$$G(x,y,\sigma) = \frac{1}{2\pi\sigma^2} e^{-\frac{x^2+y^2}{2\sigma^2}} \tag{3-5}$$

式中，$\sigma \in \{\sigma_{\min}, \cdots, \sigma_{\max}\}$，$\sigma_{\min}$ 和 $\sigma_{\max}$ 分别代表最小和最大尺度因子。

根据 Frangi 等（1998）的研究发现，二阶导数能够表示像元邻域范围内图像梯度的变化。Hessian 矩阵分析中图像的二阶微分几何性质原理为

$$\boldsymbol{H}_\sigma(x,y) = \begin{pmatrix} \dfrac{\partial^2 I_\sigma(x,y)}{\partial x^2} & \dfrac{\partial^2 I_\sigma(x,y)}{\partial x \partial y} \\ \dfrac{\partial^2 I_\sigma(x,y)}{\partial x \partial y} & \dfrac{\partial^2 I_\sigma(x,y)}{\partial y^2} \end{pmatrix} \tag{3-6}$$

其中，矩形中的四个参数表示图像在尺度参数为 σ 时各个方向的偏导。在对前一步潮滩背景均一化的图像执行 Hessian 矩阵分析后，潮沟系统的局部几何微分结构得到了进一步的增强。为了直观展示其在不同尺度下的增强效果，本研究以 Sentinel–2 MSI 影像为基础数据，在条子泥沙洲南侧选择一个潮沟发育明显的区域，对水体指数进行多尺度的滤波处理。通过在图像中绘制大、中、小尺度的三条潮沟横断线，生成剖面线所对应的直方图。从图 3–12 中可以看出，对于类似横断线 1 的末梢小尺度潮沟，在尺度 $\sigma = 1$ 时，潮沟边缘信息基本就能够满足

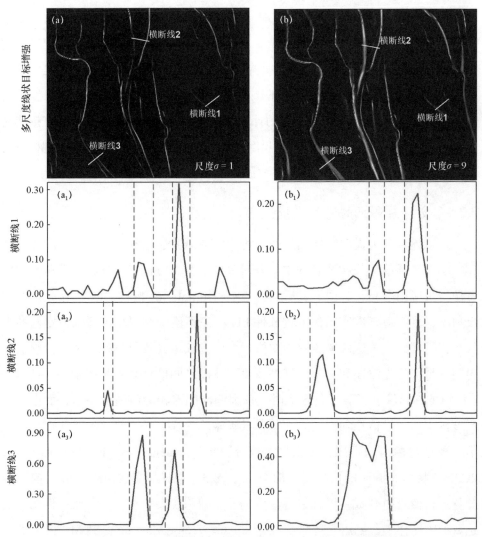

（a）～（b）表示潮沟在 $\sigma=1$ 和 $\sigma=9$ 尺度的增强结果；横断线 1、横断线 2 和横断线 3 分别表示小、中和大尺
度上的横断面；（a_1）～（b_3）表示不同横断线对应尺度下的响应；虚线表示潮沟边界。

图 3-12　多尺度 Hessian 矩阵的潮沟系统增强结果

要求［图 3-12（a_1）］；对于稍宽一些的中尺度潮沟，如在横断线 2 中，在尺度
$\sigma=1$ 时，无法凸显潮沟的所有边缘信息，潮沟的宽度识别不准确，当尺度 $\sigma=9$
时，可以看到潮沟的边缘和宽度响应效果均明显增加［图 3-12（a_2）和（b_2）］；
而对于较宽的大尺度潮沟系统来说，如在横断线 3 中，较小尺度的 σ 无法取得

满意的增强效果，而当尺度 $\sigma = 9$ 时，明显可以看出潮沟的边缘检测效果较好[图 3-12（a_3）和（b_3）]。总体而言，在尺度较小时只能对细小潮沟系统进行增强，随着滤波尺度的增长，识别的潮沟尺度依次增大。需要补充说明的是，对于与海洋直接相连的主潮沟来说，部分主潮沟的宽度能够达上百米，若依然采用 Hessian 矩阵多尺度增强，则需要的计算时间很长，针对这类潮沟，可直接使用上一节提取的大尺度潮沟。将不同尺度潮沟系统进行图像融合，经过目视检查与修改，从而获得研究区完整的潮沟系统。

3.2.4 支持向量机的潮沟系统提取

为了提高潮沟提取结果的时间分辨率，本研究还选择了我国 HJ-1 CCD 和 GF-1 WFV 遥感影像，两者的空间分辨率分别为 30 m 和 16 m，均来源于中国资源卫星应用中心。数据下载后均为 DN（Digital Number）值，而不是地物的反射率，且在遥感数字图像处理软件 ENVI 中不便于对卫星进行辐射定标和大气校正。因此，对这两类遥感影像执行水体指数运算效果不佳。两种传感器均包括三个可见光波段和一个近红外波段，波段之间信息量重复度较高；且由于 HJ-1 CCD 影像进行假彩色合成时，仅大潮沟能够较为清晰地显示，而中、小尺度潮沟的边缘信息均不明显，与背景潮滩严重混合。为此，本研究拟采用以下步骤进行潮沟的提取：①采用主成分分析（Principal Components Analysis，PCA），将所有波段的信息量压缩至三个波段，以减少数据冗余，并对前三个分量进行假彩色合成，增强目标潮沟的显示效果（图 3-13）；②通过目视判读选取训练区样本，采用支持向量机（Support Vector Machine，SVM）的分类方法对潮沟系统进行初步分类；③分类后处理，采用数学形态学的闭运算，对上一步提取的目标潮沟进行处理，主要包括小图斑去除、孔洞填充、断线连接以及手动补充和修改潮沟系统等。

支持向量机是建立在统计学理论基础上的，通过选取有限的样本点对图像进行分类，使不同类别之间的分割间距最大，属于一种典型的机器学习算法。与其他监督分类的方法相比，支持向量机仅需要较少的样本。在 ArcGIS10.6 软件平台中，借助图像分类（Image Classification）工具条，通过分别选择目标地物与

背景潮滩的样本，然后执行 SVM 图像分类，得到潮沟系统的初步分类结果。由
潮沟提取的初步分类结果可见，研究区内存在较多的孤立小图斑，部分大图斑内
存在小的孔洞现象，且细小潮沟的连线出现断线等。为了解决以上问题，本书采
用数学形态学的闭运算将部分断线距离差距不大的潮沟连接起来，而对于断线较
为严重的潮沟，则通过人工目视判读修改后得到最终的潮沟提取结果（图3–14）。

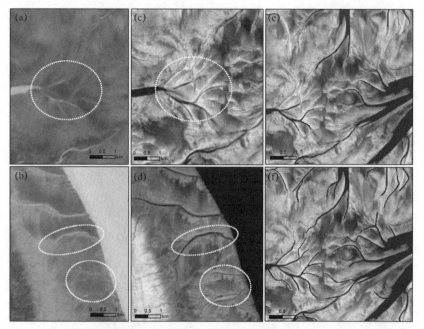

（a）~（b）假彩色合成图像；（c）~（d）PCA 变换后的图像，虚线表示细小潮沟得到增强；

（e）潮沟初步提取结果；（f）人工修改后得到的最终潮沟系统。

图 3–13　基于 PCA 变换和支持向量机的潮沟系统提取过程

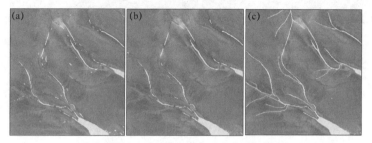

（a）初始潮沟；（b）闭运算；（c）潮沟提取结果。

图 3–14　潮沟系统提取与闭运算处理

3.2.5 多源影像的潮沟系统提取比较

本研究以多源、时间序列的中/高分辨率遥感影像为基础，由于不同影像的空间分辨率不同，需要对几种不同传感器获取的影像提取的潮沟结果进行比较。根据前文所述的两种潮沟系统半自动提取方案，得到研究区 155 景潮沟系统二值化图像。为了对比不同卫星影像在提取潮沟上的差异，本研究选用 2018 年 2 月 23 日同一天成像的遥感影像（Sentinel–2 MSI、Landsat–8 OLI 和 GF–1 WFV），这三类卫星在当天的成像时刻均在上午 10：30 前后，潮位基本一致，因此潮沟的提取结果具有可比性。在以上三种遥感影像中，未选择 HJ–1 CCD 影像，这是由于 HJ–1 CCD 在 2018 年 2 月 23 日未成像。从图 3–15 可知，Sentinel–2 卫星影像中潮沟的发育等级能够达 5 级，潮沟覆盖面积 684.52 km^2，提取的潮沟数量最多，共 5 646 条，总长度达 3 162 km，其在细小潮沟的识别上相较于 Landsat–8 和 GF–1 卫星影像有明显的优势，经过目视判读修改基

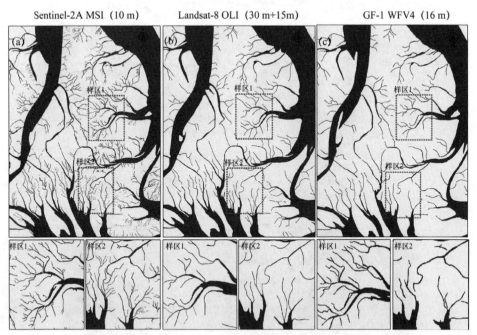

图 3–15 基于多源影像的潮沟系统提取结果（成像时间均为 2018 年 2 月 23 日）

本能够提取大部分潮沟［图 3-15（a）］。Landsat-8 OLI 由于使用了空间分辨率为 15 m 的全色波段，潮沟提取结果与分辨率为 16 m 的 GF-1 WFV 结果相似［图 3-15（b）和（c）］，这两类影像的潮沟发育等级均为 4 级，Landsat-8 OLI 影像提取的潮沟数量为 3 277 条，总长度为 2 322 km，潮沟覆盖面积为 627.67 km^2；而 GF-1 影像中潮沟覆盖面积为 562.24 km^2，潮沟提取的数量略少于 Landsat-8 OLI，共 2 290 条潮沟，总长度为 2 143 km。需要补充说明的是，与其他三种类型的影像相比，HJ-1 CCD 影像在相同 / 相似潮位的遥感影像中，可以直观地识别和提取的潮沟数量最少，其能够准确识别大尺度的潮沟，而对细小潮沟的提取效果并不理想。

3.3 基于多源影像的潮滩人类活动要素提取

3.3.1 潮滩围垦区遥感分析

江苏省为我国东部沿海经济快速发展地区，随着社会经济的迅速发展和人口的持续增长，原有的陆地面积已不能满足要求，对土地的需求与日俱增，海岸带滩涂围垦成为缓解人口增长和城镇扩张压力的主要途径。尤其是自 2009 年国务院批复的《江苏沿海地区发展规划》实施以来，江苏省开始大力推进沿海滩涂围垦综合开发。围垦增加了沿海土地面积，在一定程度上满足了土地需求问题，但同时也改变了自然状态下潮滩的形态特征，破坏了滨海湿地的生态环境，引发资源、生态和环境问题，对潮滩稳定性和未来海岸带建设产生一定的影响（Chen et al.，2020）。

江苏沿海围垦的主要类型包括沿岸堤坝、鱼塘、农田、盐场等，这些地类的形状较为规整且光谱特征明显。通过遥感影像解译，农田、养殖场、盐场区域见图 3-16。围垦活动主要由人类活动产生，由于围垦区总体呈现规则线性或面状特征，在遥感影像上易于识别，因此通过收集 1990—2020 年质量较好的中、高分辨率遥感影像，采用人工目视判读的方式进行解译。

根据以上判读标志和目视解译，得到研究区 1990—2020 年的围垦区分布与演变结果（图 3-17）。结果表明，江苏中部沿岸自 1990 年以来，总围垦面

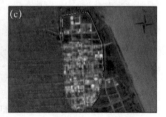

（a）农田；（b）养殖场；（c）盐场。

图 3-16　遥感影像围垦区解译

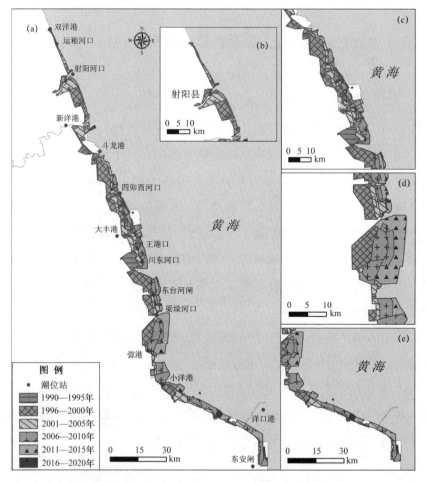

图 3-17　江苏中部沿岸围垦区时空分布变化（1990—2020 年）

积 1 057.7 km²。从时间段来看,江苏围垦经历了三个时期:① 1990—1999
年共围垦面积 237.9 km²,占总围垦面积的 22.5%,围垦范围主要集中在中段
的川东河口—梁垛河口以及南段的弶港北侧;② 2000—2010 年新增围垦面积
654.7 km²,该时段为围垦的高峰期,占总围垦面积的 61.9%,主要集中在北
段的射阳河口—新洋港、中段和南段沿岸;③ 2010—2020 年围垦较前一阶段
有所减少,新增围垦面积 165.1 km²,占总围垦面积的 15.6%,由于北段的潮
滩围垦资源有限,在此阶段的围垦主要集中在东台河闸—弶港以及南部的洋
口港附近。从逐年围垦数量来看,2013 年围垦力度最大,达 122.4 km²。随着
2017 年国家海洋局下发的《围填海管控办法》和 2018 年国务院印发的《关
于加强滨海湿地保护严格管控围填海的通知》实施以来,全面停止新增围填
海项目,江苏新增围垦区大幅度减少。

从围垦区所在的市、县统计数据来看,研究区围垦范围涉及射阳县、大丰
区、东台市和如东县(图 3–18)。其中以大丰区的围垦面积最多,达 388.06 km²,
占总围垦面积的 36.7%,是潮滩围垦的重点区域;东台市次之,围垦面积为

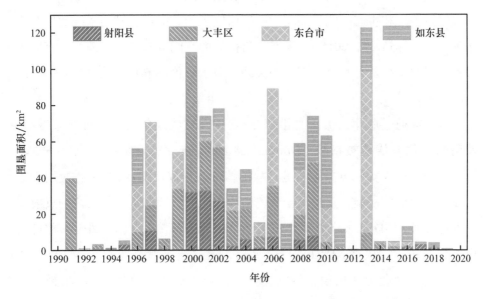

图 3–18　1990—2020 年江苏中部沿海各市(县、区)围垦面积统计

307.5 km^2，占总围垦面积的 29.1%；南部的如东县由于部分海岸线在 1990 年之前就进行了围垦，因此在研究时段内的围垦相较于中部较少，围垦面积达 211.6 km^2，占总围垦面积的 20.0%；北部的射阳县由于海岸线较短，滩涂资源有限，因此围垦面积也较少，为 147.3 km^2，占总围垦面积的 13.9%。

3.3.2 潮滩盐沼植被遥感监测

盐沼区是受海洋潮汐作用周期性或间歇性影响的咸水或半咸水淤泥质滩涂，具有重要的海岸带生态价值。盐沼表面生长着喜盐的草本植物，植被根系扎根于地表以下，对海岸带具有保滩促淤、湿地净化的作用（Liu et al.，2020）。江苏中部沿海为典型的粉砂淤泥质海岸带，潮滩辽阔，属于温带到亚热带过渡性气候，温度适宜，为盐沼的形成和发育提供了有利的条件。通过野外实地调查可知，江苏中部沿海的主要盐沼植被从陆地向海洋方向主要包括芦苇（*Phragmites australis*）、碱蓬（*Suaeda salsa*）、大米草（*Spartina anglica*）和互花米草（*Spartina alterniflora*）几种类型。其中，后三种均为耐盐植被，大米草和互花米草为人工引进的外来物种，其发达的根系和高大的植株对海岸带具有促淤护岸和生态净化等作用。已有研究表明，盐沼对潮沟系统的发育具有抑制作用（孙超 等，2015），掌握盐沼植被的空间分布与时空演变，有助于分析其与潮沟系统发育和滩涂围垦的关系，对于评价潮滩稳定性也具有一定的指示性作用。

本研究通过收集江苏中部沿海 2000—2020 年逐年的中分辨率遥感影像，采用归一化差值植被指数（Normalized Difference Vegetation Index，NDVI），结合 OTSU 最大类间方差算法进行盐沼植被的提取。NDVI 是一种应用广泛的植被提取的指数模型，它是根据绿色植物在红光波段和近红外波段的反射率差异进行计算，NDVI 大于 0 得到植被初始的覆盖范围。OTSU 属于一种自适应阈值分割法，它根据 NDVI 的计算结果，通过遍历所有像元，获取目标地物与背景的二值化分割阈值，将图像分为前景（植被）和背景（非植被）两类（图 3–19）。

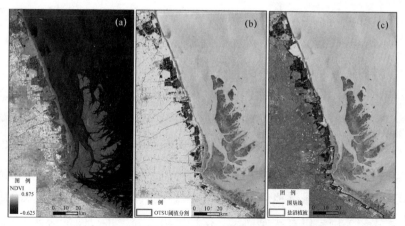

图 3-19　江苏中部沿海盐沼植被提取过程示意

　　盐沼植被具有较为明显的物候特征，即在不同季节盐沼的空间分布具有一定的特征差异，总体表现为夏、秋季节盐沼面积大，冬、春季节盐沼面积小。因此为了更准确地统计盐沼面积，本研究以 2000—2020 年夏、秋季节成像的高质量影像为基础，得到江苏中部沿海近 20 年盐沼植被的面积变化（图 3-20）。盐沼植被面积总体呈先减少后增加的趋势，从 2000 年的 179.08 km² 减少到 2009 年的 141.64 km²，面积达最小值；之后以扩张为主，到 2020 年盐沼面积达最大值，为 194.53 km²。从逐年变化来看，2014 年新增盐沼面积最多，2009 年减少幅度最为明显。

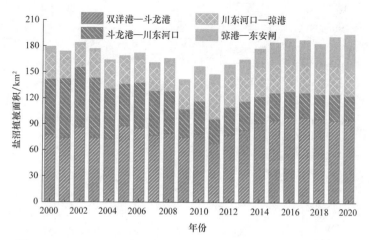

图 3-20　2000—2020 年江苏中部沿海不同岸段盐沼植被面积统计

　　从盐沼植被的空间分布特征来看，不同岸段的盐沼植被变化各不相同。根据沿岸港口和河口的位置，将研究区自北向南分为四个分段（图 3-21）。各岸段盐沼植被面积总体表现为北部的双洋港—斗龙港和中部的川东河口—弶港两个分段较为稳定，总体变化幅度不大；斗龙港至川东河口的盐沼植被面积总体呈减少趋势，从 2000 年的 64.86 km² 减少到 2020 年的 28.55 km²，降幅达 55.98%；弶港以南至东安闸的盐沼植被面积总体呈增加趋势，从 2000 年的 6.77 km² 增加至 2020 年的 40.04 km²，增幅达 491.43%。这是由于新洋港至斗龙港岸段设有江苏盐城湿地珍禽国家级自然保护区，川东河口至东台河闸设有江苏省大丰麋鹿国家级自然保护区，保护区内不允许进行围垦活动，因此盐沼

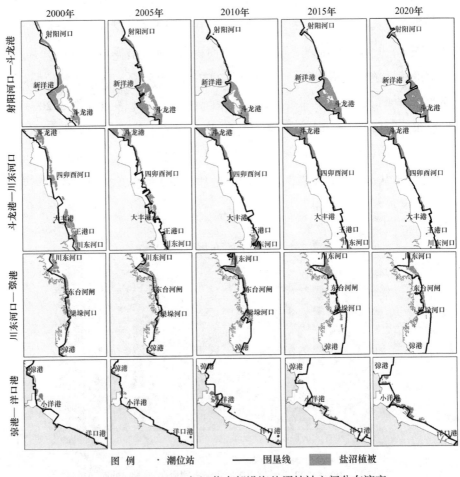

图 3-21　2000—2020 年江苏中部沿海盐沼植被空间分布演变

植被面积没有明显变化；而斗龙港以南至弶港岸段除江苏省大丰麋鹿国家级自然保护区之外，均进行了大规模的围垦开发活动，因此盐沼植被面积快速减少；弶港以南尤其是小洋港以南的岸段在 2013 年之后进行了盐沼植被的引种，使面积逐年增加，新增的盐沼植被区主要分布在围垦区之间的岸段。

3.3.3 紫菜养殖区提取

江苏中部沿海宽阔的淤泥质潮滩以及适宜的气候条件为大规模水产养殖提供了优越的自然条件。目前该区域紫菜的养殖已成为全省水产养殖业的代表。江苏省紫菜养殖方式一般包括北部连云港的插杆式养殖及南部盐城和南通的半浮动筏架养殖，本研究区域内主要为后一种方式，需要人工将竹竿插入淤泥，并在竹竿上铺网帘，为紫菜生长提供空间。紫菜养殖受气温和水温的影响很大，生长期大多是在冬季和春季，因此只能在这两个季节的遥感影像上识别规律分布的条带状紫菜（图 3–22）。但需要注意的是，要尽量选择低潮位时刻成像的遥感影像，这是因为当潮位上升时，海水将沙脊覆盖，则无法观察到紫菜的分布；而当潮位下降时，沙脊滩涂逐渐出露，此时可以从影像中观察到呈条带状规则分布的紫菜养殖区。为了保证提取的紫菜范围准确，我们使用光谱特征结合目视解译的方式提取紫菜养殖区。紫菜属于一种藻类，其光谱反射特征

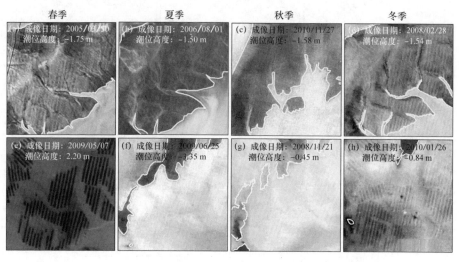

图 3–22 不同季节 HJ–1 CCD 影像水产养殖区的识别

与植被的光谱特征较为相似，红边现象明显，与海水的光谱差异明显，因此可以借助 NDVI 指数得到大致的范围，再结合谷歌地图提供的高分辨率历史影像进行目视判读和修正得到最终的提取结果（图 3–23）。紫菜养殖范围受潮位的影响很大，在同一年份中不同时刻成像的遥感影像提取的紫菜范围可能存在差异，因此为了防止目标地物的漏提，我们对同一年份中各低潮时刻的高质量影像提取结果进行合并，得到完整的紫菜养殖区结果。

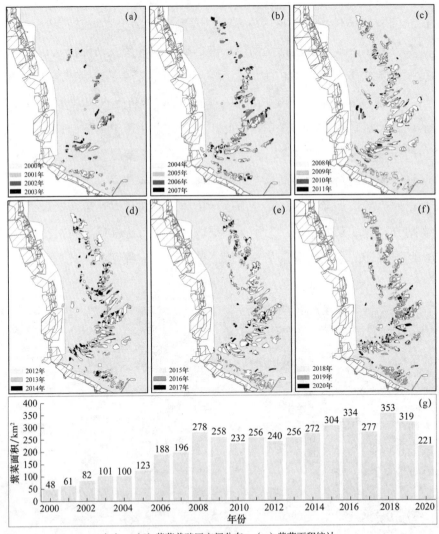

（a）~（f）紫菜养殖区空间分布；（g）紫菜面积统计。

图 3–23　紫菜养殖区空间扩张及面积统计

本研究选择江苏中部沿海 2000—2020 年冬、春季节的无云或少云的高质量遥感影像，动态监测紫菜养殖的扩张。结果表明，江苏沿海近 20 年的紫菜养殖区呈先增加后减少的趋势，2000 年紫菜养殖面积仅 48.15 km²，主要分布在条子泥沙洲南岸，随着养殖技术的不断提高和人们对紫菜需求的逐渐增加，养殖区范围呈现逐渐向北部迁移的趋势，东沙和高泥沙洲的外围区域逐渐成为养殖的密集区，集中分布在条子泥沙洲向海一侧的东南方向，紫菜养殖面积大幅度增加。截至 2018 年，紫菜养殖区面积已经达到 353.6 km²，年均增加 16.07 km²，其中以 2007—2008 年的增长速度最快，平均每年增加 41.16 km²；2012—2016 年进入缓慢增长期，平均每年增加 18.82 km²。由于近些年我国逐渐加强对海洋生态环境保护的力度，2018 年以后紫菜养殖面积呈缓慢减少的趋势，至 2020 年年末，紫菜养殖面积为 221.21 km²。总体而言，紫菜养殖区的时空演变和空间分布特征呈现以下特点：从几何形态来看，由零星分布逐渐变为集中连片分布的状态；从空间分布来看，养殖区位置逐渐从沿岸的条子泥沙洲南岸逐渐向离岸辐射沙洲外缘浅海处迁移；从时间变化来看，2000—2008 年呈逐年上升，2009—2018 年呈缓慢波动上升，2018—2020 年呈逐年下降趋势。

3.3.4 海上风电场提取

通过遥感监测发现，江苏中部海岸带潮滩上建有大规模的海上风电场，它是一种非常有价值的可再生能源，且在海上基本不受地形地貌的影响，风速更高。由于风力发电机的高度较高，一般在 80 m 以上，其基站一定要选择在非常稳定的区域。基于谷歌地图提供的高分辨率历史卫星影像，经过目视解译得到江苏中部沿海 2011—2020 年沿岸和近海的风力发电场数据。遥感监测结果表明，2011—2013 年风电场数量较少，仅有 123 个；自 2017 年起逐渐大规模新建风电场，至 2020 年风电场数量达 1 196 个，与 2019 年相比新增了 380 个，新增的风电场主要分布在离岸区域；从空间分布来看，沿岸风电场主要分布在东台市和如东县的新增围垦区内，离岸风电场则逐渐由沿岸潮滩扩大到离岸浅海区域，集中分布在条子泥沙洲南岸以及东沙和高泥靠海一侧的潮滩（图 3–24）。

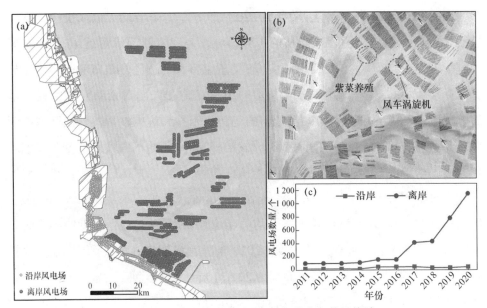

图 3-24 江苏中部沿海风电场空间分布与数量统计

3.4 本章小结

潮滩特征要素是海岸带资源开发与利用的重要表征。针对潮滩环境复杂、背景干扰性强、要素光谱信息弱等难点，本章基于多源、时间序列遥感影像，根据不同地貌要素的光谱特征，分别提出一种适用于不同要素的提取方法，获取了研究区潮滩特征要素的空间分布信息，构建了江苏中部沿海 1990—2020 年的特征要素数据集。本研究的具体内容和结果如下：

（1）提出基于边缘检测结合潮位观测数据的海岸带提取方法。通过对 1990—2020 年时间序列遥感影像进行筛选，得到无云、低潮时刻成像的高质量数据集。采用边缘检测算子得到最初的水边线，再结合研究区的潮位观测数据，对水边线进行潮位修正，得到研究区逐年的海岸带提取结果。

（2）提出适用于不同数据源的潮沟系统半自动提取方法。针对潮沟系统提取难、表征难和分析难等关键问题，提出采用不同的方案进行潮沟系统提取。对于 Landsat-8 OLI 和 Sentinel-2 MSI 影像，本研究对复杂背景进行均一化处理，并结合多尺度 Hessian 矩阵增强目标潮沟信息，经多尺度图像融合得到潮沟系统；而针对国产 GF–1 WFV 和 HJ–1 CCD 影像，采用主成分分析结合支持向量机的监督分类，并经目视判读和仔细修改后得到潮沟信息，实现潮沟系统的半自动提取。

（3）构建江苏中部沿海主要的人类活动的潮滩要素数据集。海岸线和潮沟系统均属于潮滩自然要素，除此之外，本研究还获取了江苏中部沿海诸如围垦区、紫菜养殖区等人类活动要素。根据盐沼植被的光谱特征，围垦区、紫菜养殖区以及海上风电场的几何形状，结合目视判读得到各类要素的数量和面积，并对这些潮滩要素的空间分布进行时空演变分析。

第4章 海岸带潮滩岸段稳定性分析

岸线是陆地与水体的交界线，由于受到海洋动力和潮汐作用等因素的影响，它一直处于动态变化中，表现为向陆地或向海洋推进的状态。因此，通过对岸段按照一定的间隔作垂直于岸线的剖面线，定量分析岸线的变化情况进而评价其稳定性是可行的。本研究借助时间序列遥感技术的手段，根据提取到的江苏中部沿海各年份海岸线数据，使用美国地质调查局（USGS）开发的数字海岸分析系统（DSAS Version 3.2，该系统安装后可直接在ArcGIS 软件的扩展模块中调用）计算多年岸线的变化情况。通过统计时间序列岸线剖面的变化距离和变化速率，定量分析江苏中部沿海冲刷和淤积节点的变化情况，进而反映海岸带岸段的稳定状况，为江苏省海岸带的可持续开发、利用与保护提供参考依据。

本章基于多源、时间序列卫星影像，首先对研究区多年海岸线进行时空变化分析，其次以 DSAS 为技术主线分析岸线多年的变化距离和变化速度，最后使用稳定性指数对沿岸和辐射沙洲的岸段稳定性进行计算，进而分析研究区岸段的稳定性。基于此，本章从海岸线变化类型、海岸线变化特征、沿岸和辐射沙洲岸段稳定性分析三个方面进行说明（图4-1）。

4.1 海岸线空间分布特征分析

4.1.1 研究区潮滩岸段划分

江苏中部沿海南北方向约 200 km，在行政区划上分属盐城市的射阳县、大丰区、东台市以及南通市的如东县。受海洋水动力和南北方向上两大潮波系统

的控制，加上近几十年的围垦、养殖等人类活动，使该区域不同河口间的岸段
差异较为明显。为了更为清晰地展现各河口的海岸线变迁情况，分析不同岸段
的侵蚀和淤积特征，本研究对沿岸的潮滩岸段进行了划分（图 4-2）。岸段的划
分主要根据河口的空间位置和沿海潮位站的空间分布特征，以最大程度保留潮
滩的自然属性，同时也考虑因围垦活动形成的人工岸线。除沿岸潮滩外，江苏
中部沿海还形成了以弶港为中心发育的大型辐射沙脊群，辐射沙脊群自北向南
主要包括亮月沙、东沙、高泥和条子泥，其中东沙和高泥靠陆一侧也划分为一
个单独的岸段。

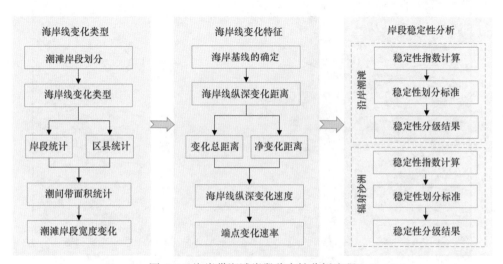

图 4-1　海岸带潮滩岸段稳定性分析流程

4.1.2　海岸线时空变迁分析

江苏中部沿海海岸线类型自 1990—2020 年发生了显著的变化，总体表现为
自然岸线长度不断减少，而人工岸线长度快速增加，各类型岸线长度自 2012 年
起趋于稳定。自然岸线由 258.15 km 逐渐减少至 142.57 km，年均减少 3.73 km；
人工岸线共增加了 108.17 km，年均增加 3.49 km（图 4-3）。在时间维度上，
1990—2013 年，人工岸线逐年增加，尤其是自 2009 年以来，沿海围垦工程的
扩张和沿岸港口码头的修建，使得人工岸线的比例越来越高。但自 2017 年滨海
湿地围填海被严格管控以来，人工岸线的长度基本不变。在空间维度上，人工

岸线主要分布在北部的双洋港至新洋港岸段，中部的大丰港至川东河口、梁垛河口岸段，以及南部的弶港、小洋港至洋口港岸段。人工岸线以南部如东县沿海的人工岸线比例最高，且较为曲折，使海岸线总长度有所增加。自然岸线则主要集中分布在新洋港至大丰港以及川东河口至梁垛河口，岸线较为平直，其他地方的自然岸线呈零星分布。

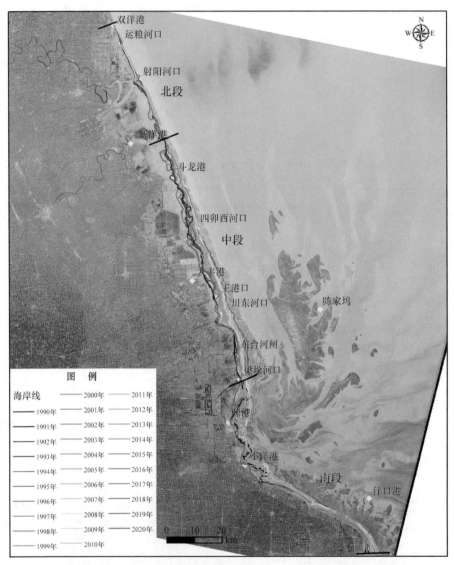

图 4–2　江苏中部沿海潮滩岸段划分（底图为 1990 年 4 月 5 日获取的 Landsat–5 TM 影像）

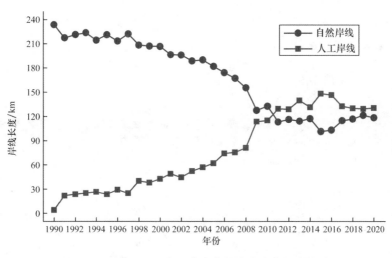

图 4-3　1990—2020 年江苏中部沿海海岸线长度统计

　　根据沿海港口的空间位置分布与行政区划边界，本研究对不同岸段的自然岸线和人工岸线长度进行了统计（图 4-4）。结果表明，北段双洋港至新洋港的岸线类型变化明显，其中自然岸线降幅为 67.66%，人工岸线的长度净增加 36.16 km；中段新洋港至梁垛河口的岸线类型变化在 2007 年以前总体较为平稳，自 2009 年以后自然岸线的比例有所降低，较前一年降低 16.80%，人工岸线的长度较 2008 年增幅达 92.96%；南段梁垛河口至洋口港的岸线类型变化起伏较大，自然岸线总体表现为下降趋势，降幅为 58%，人工岸线长度总体呈上升趋势，共增加 61.94 km，但中间各年份的变化趋势不完全一致。其中，1998 年和 2009 年人工岸线长度较其他年份增加明显，较前一年增幅分别达 118% 和 39%。

　　江苏中部沿海涉及盐城市和南通市，其中盐城市的市（县、区）包括射阳县、大丰区和东台市，南通市包括如东县。为了对海岸线时空变迁的详细情况进行分析，以便为各市（县、区）管理部门在海岸带管理与政策制定时提供参考，研究从行政区划的角度，分别对沿海各市（县、区）的海岸线变化进行统计（图 4-5 和表 4-1）。结果表明，江苏中部沿海各地均有人工岸线，大丰区和如东县海岸开发的时间最早，如东县在 1998—2001 年为海岸线开发的高峰期，2003—2006 年人工岸线开发的进度有所减慢；北部的射阳县自 2001 年起开始海岸开发，且人工岸线的比重呈逐年增加趋势；中部的大丰区

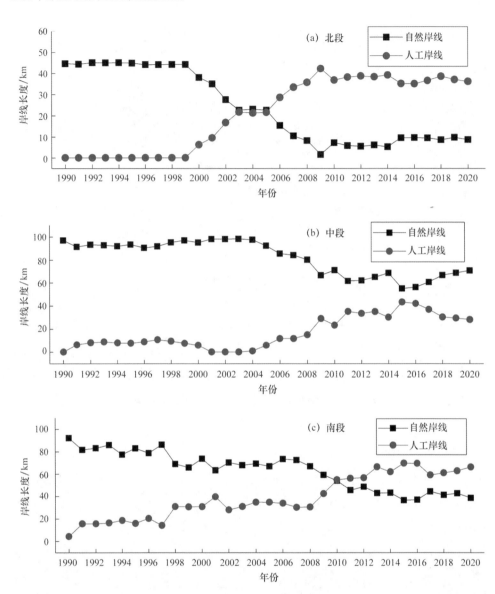

图 4-4　1990—2020 年江苏中部沿海各岸线类型长度统计

和东台市自 2010 年前后人工岸线的比例不断增加。需要说明的是，射阳县沿岸的江苏盐城湿地珍禽国家级自然保护区和大丰区北部的江苏省大丰麋鹿国家级自然保护区，不允许在保护区内进行海岸带的开发利用，因此这两个区域的海岸线基本均为自然岸线。

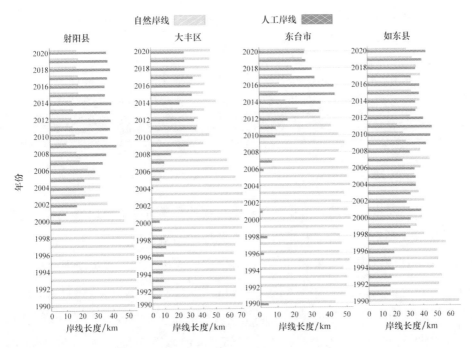

图 4-5　江苏中部沿海海岸线类型变化

表 4-1　1990—2020 年江苏中部沿海海岸线长度（km）统计

市 （县、区）	岸线类型	1990年	1995年	2000年	2005年	2010年	2015年	2020年
射阳县	自然岸线	53.3	54.2	46.9	31.4	15.9	18.2	17.2
	人工岸线	0	0	6.2	21.6	35.8	36.2	36.2
	海岸线	53.3	54.2	53.1	53.0	51.7	54.4	53.4
大丰区	自然岸线	70.6	64.4	68.7	65.7	48.3	40.7	43.4
	人工岸线	0	5.7	5.8	6.0	23.4	29.9	30.2
	海岸线	70.6	70.1	74.5	71.7	71.7	70.6	73.6
东台市	自然岸线	43.1	51.5	52.3	50.4	45.7	25.9	26.5
	人工岸线	4.3	0	0	0	9.1	25.7	26.1
	海岸线	47.4	51.5	52.3	50.4	54.8	51.6	52.6

续表

市 （县、区）	岸线类型	1990年	1995年	2000年	2005年	2010年	2015年	2020年
	自然岸线	66.8	51.2	39.0	33.8	30.8	31.6	28.5
如东县	人工岸线	0	16.0	30.8	34.7	35.8	37.5	42.5
	海岸线	66.8	67.2	69.8	68.5	66.6	69.1	71.0

4.1.3 潮滩面积与宽度变化

潮滩是沿海岸分布的、由粉砂和黏土构成的数千米的平缓地带。本节主要探讨围垦等人类活动对沿岸潮滩的影响，此处的潮滩范围为围垦线和水边线包围的区域。其中，围垦线基本为一条位置固定的人工岸线，水边线则通过选用每年低潮位下的高质量遥感影像经过自适应阈值分割获得，两条线所涵盖的区域基本能够表示潮滩的最大范围。图4-6为江苏中部沿海1990—2020年潮滩面积变化情况统计，结果表明，江苏中部沿海的潮滩面积总体呈逐年减少的趋势，从1990年的1 949 km^{2}减少到2020年的797 km^2，潮滩面积共减少了1 152 km^2，减幅达59.1%。其中北部双洋港至新洋港之间的岸段受侵蚀作用的影响，人工岸线距离海洋较近，潮滩面积总体较小，但面积减少的幅度最大，达到了88.48%；中部新洋港至南部洋口港由于受到人工围垦作用的影响，潮滩面积均呈大幅下降趋势，中部从1990年的938.68 km^{2}减少到2020年的283.43 km^2，减幅达69.8%；南部的潮滩面积自1990年的820.998 km^{2}减少到2020年的491.733 km^2，减幅在三段中最低，为40.1%，这是由于南段的潮滩面积在1998年之后逐年多于中段，这说明自1998年之后，南段的围垦速度不断加快。

对潮滩面积的统计能够从总体上反映潮滩的变化，而潮滩宽度的计算则能够进一步反映潮滩的空间分布特征。由于上述所指潮滩范围为围垦线和低潮时刻水边线之间区域，两条线均处于变动状态，因此研究以平均宽度作为潮滩的宽度。潮滩平均宽度的计算是基于潮滩范围的两条线，首先提取出中心线，然后每隔500 m作一条垂直于中心线的垂线，并基于两条线所围的多边线进行裁剪，最后取裁剪得到的垂线长度的平均值作为潮滩的平均宽度。结果表明，江苏中部沿海

1990—2020 年潮滩宽度由 8.83 km 减小到 3.55 km，减幅为 59.8%，与潮滩面积的减幅接近。其中，北部的平均宽度减幅最为明显，减幅达 86.8%；其次是中部的潮滩宽度，减幅为 70.7%；南部的潮滩宽度减幅最小，为 42.6%。从图 4-7 中可见，潮滩总平均宽度在 2003 年和 2006 年前后的降幅最大，表明在这两个时间段围垦速度较快，导致潮滩面积和潮滩平均宽度迅速减小。

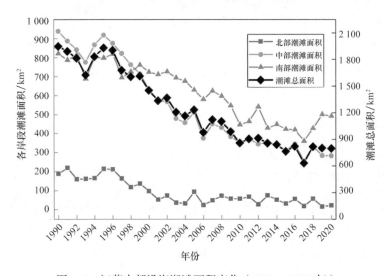

图 4-6 江苏中部沿海潮滩面积变化（1990—2020 年）

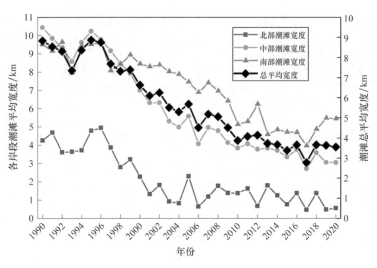

图 4-7 江苏中部沿海潮滩平均宽度变化（1990—2020 年）

4.2 基于端点进退速率的海岸线变化分析

4.2.1 海岸线基线的确定

对多期岸线的时空变化特征进行定量分析首先要有一条参考的基准线，这条基准线就是潮滩基线。基线一般根据岸线的大致走向确定，作平行于多期岸线的一条线，由于大部分海岸线并非完全平直，因此，基线实际是由多条线段首尾连接成的一条线。本研究采用 DSAS 数字海岸分析系统对多期岸线的变化位置进行分析，其基本流程为：①提取多个时期的海岸线（shoreline）；②作大致平行于所有海岸线的基线（baseline）；③基于基线作横断线，从而计算出岸线多年的变化距离与速率，以此分析江苏中部沿海岸线的稳定情况。

根据江苏中部沿海 1990—2020 年的海岸线提取结果发现，受人类活动的影响，海岸线总体以向海推进为主。因此，为使岸段变化的距离为正值，本研究以 1990 年的海岸线为基础，运用 GIS 的缓冲区分析工具，向陆地一侧设置 500 m 的缓冲区半径，通过适当调整基线的转折处，使基线尽可能为直线，最终获得江苏中部沿海岸线南岸、北岸和东沙西侧 3 条基线；使用 DSAS 对基线向海方向作垂线，为了详细分析岸线节点的侵蚀和淤积状态，每隔 500 m 生成一条横断线，并对向海最外侧的一条海岸线进行裁剪，断线长度为 10 km 并依次编号；每条横断线与不同年份的海岸线均会相交于一点，通过计算这些交点之间的距离可以计算岸线的变化距离和端点变化速率 EPR（End Point Rate）（图 4–8）。其中，EPR 被描述为最早和最近年份的变化距离与时间间隔的比值，计算公式如下：

$$E_{i,j} = \frac{d_j - d_i}{\Delta Y_{j,i}} \qquad (4-1)$$

式中，$E_{i,j}$ 为某一条横断线 m 与相邻年份岸线相交的端点变化速率；d_j 为横断线 m 与第 j 年的岸线交点至基线的距离；d_i 为横断线 m 与第 i 年的岸线交点至基线的距离；$\Delta Y_{j,i}$ 为第 j 年与第 i 年岸线时间间隔的差值。

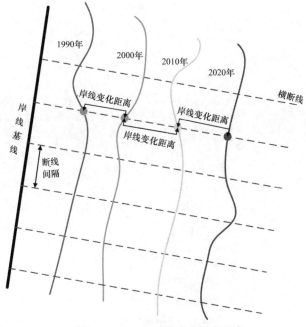

图 4–8　DSAS 岸线变化距离示意

4.2.2　海岸线纵深变化距离

　　江苏中部沿海海岸线以弶港为中心分为北部的射阳河口至弶港段，南部的弶港至小洋港段，两部分海岸线总体均呈西北—东南走向，两段的倾斜角度有所差异，因此，在南北两部分分别确定一条岸线基线（图 4–9），按照 500 m 的间隔作垂直于基线的剖面线方法，计算岸线的纵深变化情况，公式如下：

$$D = \frac{1}{n}\sum_{k=1}^{n} L_k \qquad\qquad （4–2）$$

　　计算海岸线的平均纵深距离，模型如下：

$$\overline{D} = \frac{1}{n}\sum_{k=1}^{n} |L_k| \qquad\qquad （4–3）$$

式（4–2）和式（4–3）中，D 为岸线变化距离；$\overline{D}$ 为岸线的平均变化距离；n 为垂直于基线的剖面线数量；L_k 为第 k 个剖面的变化距离；$|L_k|$ 为第 k 个剖面的实际变化距离。

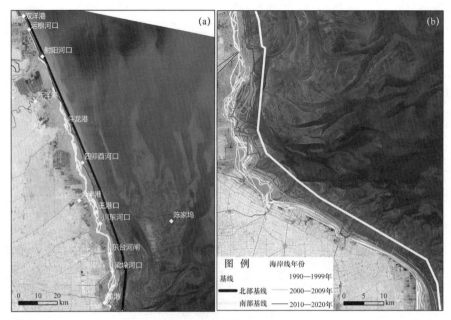

图 4-9　海岸基线的确定

　　根据上述公式，得到江苏中部沿海 1990—2020 年海岸线变化总距离与实际变化距离，以及考虑变化的时间周期得到平均变化距离。同时为定量分析海岸线的空间位置变化情况，将海岸线变化以基线为基准，统计向海一侧淤积或者向陆一侧冲刷的情况。为详细统计各时段的海岸线变化情况，本研究将整个研究周期每隔 10 年划分为一个研究时段，各时段岸线的变化情况如图 4-10 所示。结果表明，江苏中部沿海岸线在 1990—2020 年总体表现为向海推进的特点，主要以淤积和围垦为主，各时段的岸线变化类型差异明显。其中，1990—2000 年岸段整体表现为淤积状态，淤积长度为 198.5 km，端点多年淤积距离为 1.07 km。围垦岸段主要为王港口至川东河口，以及小洋港以南的部分岸段，围垦长度为 10.5 km。仅在新洋港附近有少量岸段，即废黄河三角洲岸段为冲刷状态，该时段可认为射阳河口北部由侵蚀转为淤积的节点；2001—2010 年，海岸线基本为向海推进状态，自然淤积岸段较上一阶段有所减少，岸段长度为 130 km，主要分布在新洋港至四卯酉河口，以及川东河口至小洋港岸段，其中以弶港至小洋港之间的岸段淤积最为明显，淤积宽度达 5 km，端点多年的平均淤积距离为 1.44 km。

围垦岸段较前一阶段大幅增加，主要表现为四卯酉河口至川东河口，小洋港以南的部分岸段，围垦岸段长度为 88.5 km，占总岸线长度的 40%，端点年均围垦距离为 1.55 km；2011—2020 年，海岸线的淤积状态发生了显著的变化，中部大丰港以北的岸段和南部洋口港附近及以南的岸段基本变化幅度较小，部分岸段在此时期内没有发生变化，变化岸段主要为梁垛河口至小洋港南段，且岸段类型仍然以淤积和围垦为主。这一阶段的淤积岸段长度为 102.5 km，围垦岸段长度为 57 km，未发生变化的岸段长度为 28.5 km。北部的双洋港以北，以及射阳河口至新洋港南段的斗龙港岸段为侵蚀状态，岸线长度为 33 km，这是由于江苏中部沿海北部的潮滩较窄，加上受到围垦、建港等人类活动的影响，自然岸线逐渐变为人工岸线，导致北部岸线的海岸直接与海洋相接，侵蚀节点由北逐渐向南移动（约 1.8 km），因此可以认为该时间段内斗龙港南端为江苏中部沿海由侵蚀转为淤积状态的过渡带。

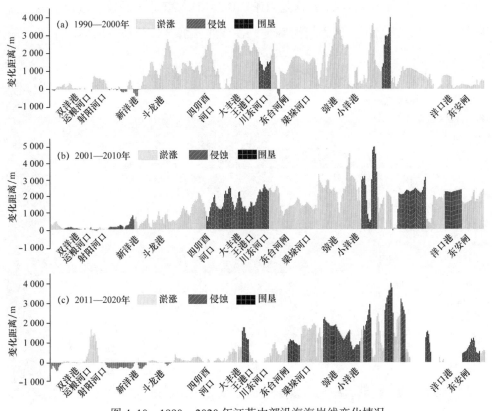

图 4-10 1990—2020 年江苏中部沿海海岸线变化情况

　　就多年的岸线净变化距离而言，江苏中部沿海不同河（港）口和不同时段均有差异，总体表现为中部岸线的变化距离较大，南北两端变化相对较小的特点。其中，1990—2000 年，除北段新洋港以北的废黄河三角洲外，各岸段变化距离均较大，净变化距离为 457.02 km，年平均变化距离 41.55 km，这一阶段主要以淤积为主，年均淤积距离为 37.43 km，部分岸段有围垦活动，年均围垦距离为 3.72 km。2001—2010 年的净变化距离较上一阶段稍有增加，达 640.59 km，且变化的岸线集中分布在大丰港以南的岸段。据统计，在此时段内，人工围垦活动加快，围垦岸线长 88.5 km，围垦面积达 544.81 km²，围垦导致了海岸线不断向海推进，大量的自然岸线被人工岸线代替；2011—2020 年，与上两个时段相比，该时段内岸线变化总距离明显减少，降至 299.06 km，降幅达 53.31%，且岸线变化逐渐向南移动，集中分布在王港口至弶港河段，以及小洋港附近南部岸线（图 4–11 和表 4–2）。这是由于 2017 年国家实施了围填海管控政策，围垦活动减少，新增围垦区大幅度减少，使岸线向海推进的现象减弱，岸线逐渐趋于稳定。

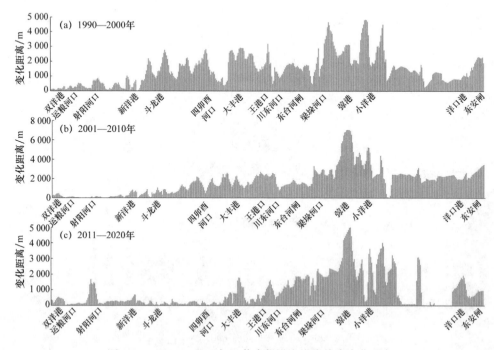

图 4–11　1990—2020 年江苏中部沿海海岸线净变化距离

表 4–2　1990—2020 年江苏中部沿海海岸线（km）变化统计

时间段	总变化距离	净变化距离	平均淤积距离	平均围垦距离	平均侵蚀距离
1990—2000 年	657.27	457.02	1.07	1.95	−0.15
2001—2010 年	765.86	640.59	1.44	1.5	−0.06
2011—2020 年	402.58	299.06	0.91	1.48	−0.19
1990—2020 年	1 543.78	1 447.35	0.43	0.15	−0.006

4.2.3　海岸线纵深变化速度

通过剖面线与各年岸线的交点位置可以推算出海岸线向海推进或向陆后退的距离，再根据各年时间差计算海岸线的年平均变化速度，公式如下：

$$SY_i = \frac{|AveD_i-| + |AveD_i+|}{|t_1-t_2|} \tag{4-4}$$

式中，SY_i 为岸线在 t_1 和 t_2 两个时间段内海岸线的年平均变化速度；$|AveD_i-|$ 为第 i 期剖面岸线向陆后退距离累加；$|AveD_i+|$ 为第 i 期剖面岸线向海推进距离累加；t_1 和 t_2 分别为起止年。

根据多年海岸线变化距离和研究周期，计算岸线的变化速度（图 4–12）。由于海岸线在不同岸段的变化方向不一致，按照空间位置变化，部分岸段向海洋方向推进，部分岸段向陆地方向后退，而这两部分都属于岸线实际发生的变化。因此，为便于记录两部分变化，我们将向海洋方向一侧发生的距离变化记为正值，向陆地一侧发生的距离变化记为负值，岸线实际的变化距离为两者取绝对值的累加（表 4–3）。结果表明，江苏中部沿海 1990—2020 年海岸线总体以淤积和围垦状态为主，仅北部废黄河三角洲的双洋港至运粮河口，以及新洋港附近的岸段为侵蚀状态，侵蚀岸段长 11.5 km。从岸线变化速度来看，岸线变化速度较小的为双洋港至新洋港之间的岸线，平均侵蚀速度为 −5 m/a；中部和南部岸线向海推进明显，其中淤积的岸段主要为斗龙港至四卯酉河口岸段及川东河口南翼的岸段，这是由于这两个岸段为江苏盐城湿地珍禽国家级自然保护区和江苏省大丰麋鹿国家级自然保护区，没有进行海岸带围垦开发活动，保留了自然岸线。岸线向海推进的主要驱动因素来源于大规模的围垦开发活动，密集分布于四卯酉河口至洋口港之间岸段，围垦岸线长度为 129 km，占总岸线长度的 58.37%，平均围垦速度为 1.20 km/a，1990—2020 年通过围垦新增潮滩面积 1 057.66 km²。

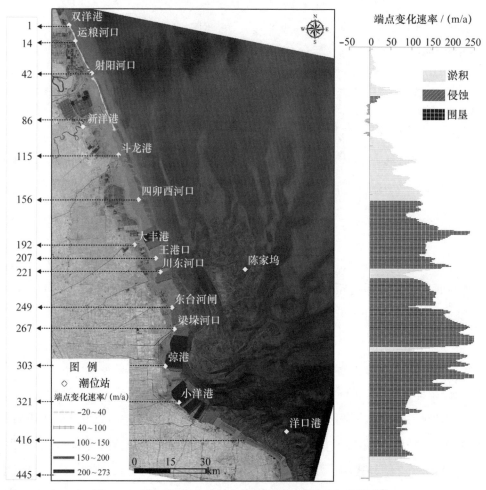

图 4–12　1990—2020 年江苏中部沿海海岸线端点变化速率

表 4–3　1990—2020 年江苏中部沿海海岸线端点变化速率（m/a）统计

时间段	端点变化速率	平均淤积速度	平均围垦速度	平均侵蚀速度
1990—2000 年	105.8	109.41	196.97	−15.48
2001—2010 年	153.43	152.81	161.88	−5.93
2011—2020 年	80	67.31	157.99	−21.78
1990—2020 年	107.47	62.14	146.24	−7.3

　　为进一步了解岸线的冲淤变化特征，本研究选择北段的射阳河口至新洋港、中段的大丰港至川东河口以及南段的弶港至小洋港 3 个典型岸段进行局部展示。结果表明，北段的射阳河口至新洋港岸线的变化幅度较小，总体表现为侵蚀状态，这主要是由于受到海水的持续冲刷作用，较低水位的海岸养殖鱼塘被海水冲毁，从而造成岸线不断后退，其中以 2000—2010 年侵蚀后退最为明显，端点最大后退距离为 303 m，后退面积达 4.54 km^2。中段的大丰港至川东河口以及南段的弶港至小洋港岸段主要呈围垦状态，由于持续的人工围垦，岸线不断向海推进，平均向海推进距离分别为 4.65 km/a 和 5.9 km/a，其中以 2001—2010 年围垦速度最快，平均围垦速度分别为 5.28 km/a 和 4.52 km/a（图 4–13）。

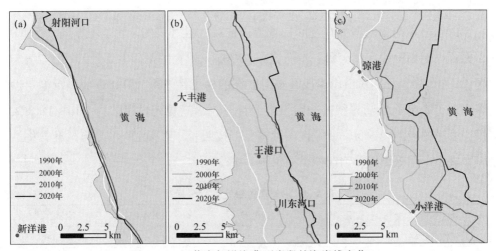

图 4–13　江苏中部沿海典型岸段的海岸线变化

4.3　江苏中部沿海岸段稳定性分析

　　岸段稳定性分析是指多年海岸线在自然因素和人为因素的双重影响下，海岸线向海一侧推进或者向陆一侧后退的水平距离。稳定岸段表示多年海岸线的空间位置没有发生显著变化，多年岸线在与基线垂直方向上的进退速率（即淤积和侵蚀速度）均较小；不稳定岸段则表示多年岸线的进退速率较大，岸线的空间位置明显发生变化（张忍顺，1995）。根据海岸线多年的端点变化速率，我们对岸线的稳定性指数进行计算，在此基础上，将江苏中部沿海岸段的稳定性等级分为：稳定岸段、较稳定岸段、不稳定岸段和极不稳定岸段四种类型。

根据上一节计算的岸线年平均变化速度（SY_i），结合划分的剖面线数量，根据下式计算得到岸段稳定性：

$$E = \frac{1}{n}\sum_{i=1}^{n}SY_i \qquad (4\text{--}5)$$

式中，E 表示在 t_1 和 t_2 时间段内岸段的稳定性指数，E 值越大表示岸线越不稳定；n 为剖面线条数；i 为对应的剖面线编号。

4.3.1　沿岸岸段稳定性分析

由于沿岸与辐射沙洲在空间位置上不连续，且基线的位置也不相同。因此，为更合理地划分稳定性等级，本研究在总结前人研究的基础上（张云 等，2015；肖锐，2017），分别对沿岸岸段和辐射沙洲的稳定性进行计算，进而进行稳定性等级划分，从而判断岸线的稳定性。经计算，沿岸稳定性指数为 2.14～111.83，根据沿岸的横断线数量和研究区实际情况，按照表 4–4 所定义的划分标准，将沿岸岸段稳定性等级划分为四种类型（图 4–14）。

表 4–4　沿岸岸段稳定性划分标准

分级标准	稳定岸段	较稳定岸段	不稳定岸段	极不稳定岸段
稳定性指标 E	$E \leqslant 15$	$15 < E \leqslant 50$	$50 < E \leqslant 100$	$E > 100$

从图 4–14 可知，研究区沿岸岸段稳定性特征总体表现为北部稳定、南部不稳定，自北向南不稳定性逐渐递增。稳定岸段主要分布在新洋港以北的区域，长度为 45 km，较稳定岸段主要分布在新洋港以南至四卯西河口北翼，长度约 43.5 km，这两部分岸段可称为稳定岸段，占总岸段长度的 40%；极不稳定岸段主要分布在小洋港以南的区域，长度约 63.97 km，占总岸段长度的 28.9%，其余均为不稳定岸段。

从沿岸各行政区划单元来看，北部射阳县仅有 3.5 km 的较稳定岸段，其余均为稳定岸段；大丰区则主要为较稳定岸段和不稳定岸段，两部分岸段所占比例分别为 60% 和 40%；东台市由于大规模的人工围垦活动，大量的自然岸线转化为人工岸线，全市岸线长度约 39.26 km，基本为不稳定岸段；如东县则总体属于极不稳定岸段，长度达 64 km，占总岸段长度的 28.95%。总体而言，北部的射阳县岸段最为稳定，海岸保护最好；东台市的岸段稳定性最低，未来的海岸带开发与资源利用中要尤其注意对该市海岸带的监管与保护。

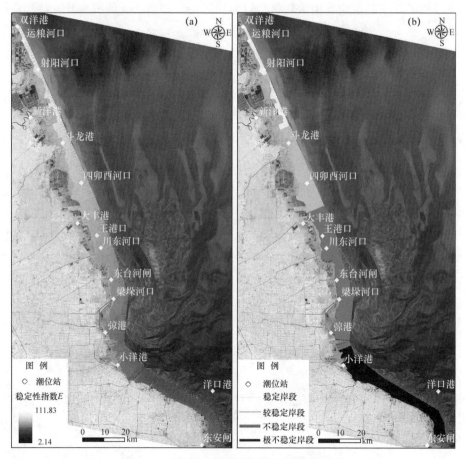

图 4–14　江苏中部沿岸潮滩岸段稳定性划分

4.3.2　辐射沙洲岸段稳定性分析

按照同样的稳定性计算与分级方法，本研究对辐射沙洲的岸段也进行了稳定性等级划分与评价。江苏中部沿海岸外自北向南发育了亮月沙、东沙、高泥、蒋家沙、条子泥等辐射沙洲，而从这些沙洲低潮时刻潮滩的出露面积来看，以东沙的出露范围最大，且东沙西侧为西洋潮汐水道，水边线相对较为平直，而其余几个辐射沙洲的水边线长度较短，且弯曲程度较为明显。因此，本研究仅选择东沙向陆一侧的岸段进行稳定性分析。根据岸段稳定性的计算公式，得到1990—2020年东沙向陆一侧岸线的稳定性指数为24～42。与沿岸稳定性的结果相比，辐射沙洲的稳定性指数较低，这是由于沿岸海岸线受到围垦开发活动的影响明显，端点变化距离和变化速率较快，而辐射沙洲的水边线基本仅受自然条件的影响，且本研究选择的均为低潮时刻成像的遥感影像，对东沙西侧的水边线进行潮位校正后，可知各年的水边线空间位置差距并不明显，因此计算得到的稳定性指数较低。若将沿岸和辐射沙洲的岸段稳定性以同一种标准进行划分，显然是不合理的。因此，本研究根据多年岸线的端点变化距离和变化速率，结合表4–5的划分标准，将东沙向陆一侧的岸段稳定性等级划分为四种类型（图4–15）。

从图4–15可知，东沙西侧稳定岸段和较稳定岸段主要分布在中段和南段，

表4–5　东沙岸段稳定性划分标准

分级标准	稳定岸段	较稳定岸段	不稳定岸段	极不稳定岸段
稳定性指数 E	$24 \leqslant E \leqslant 27$	$27 < E \leqslant 34$	$34 < E \leqslant 38$	$E > 38$

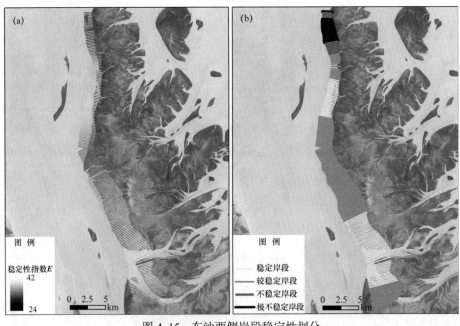

图4–15　东沙西侧岸段稳定性划分

分别占总岸段长度的 35.63% 和 50.55%，其中稳定岸段长度为 14.69 km，较稳定岸段长度为 20.84 km；不稳定岸段和极不稳定岸段主要分布在北部靠近亮月沙的区域，其中不稳定岸段长度为 2.03 km，剧烈变化的极不稳定岸段长度为 3.67 km。这是由于中段和南段右侧有大片的出露沙洲，能够在一定程度上减缓水动力的冲刷作用，使中段和南段的水边线变化相对较小，因此岸段总体较稳定。

4.4　本章小结

海岸线位于海洋和陆地相接的潮滩范围内，处于动态变化的状态，具体表现为向海洋推进或者向陆地后退，不同时刻的空间位置均不相同，且即使在同一时刻，不同岸段也不同，其动态变化必然会影响海岸带潮滩岸段的稳定性。本研究基于江苏中部沿岸 1990—2020 年逐年的海岸线数据，定量分析自然岸线和人工岸线的变化情况，同时借助 DSAS 计算岸线多年的变化距离和变化速度，定量分析江苏中部沿海侵蚀和淤积岸段的变化情况，进而对沿岸和辐射沙洲的岸段稳定性进行评价。本研究的具体内容和研究结果如下：

（1）定量分析了自然岸线与人工岸线类型的变化。本研究基于江苏中部沿海 1990—2020 年的海岸线数据，对研究区总体的海岸线类型、各分段的海岸线类型以及沿海各市（县、区）的海岸线变化、潮滩面积和潮滩平均宽度进行了定量统计分析。结果表明，1990—2020 年江苏中部沿海自然岸线减少了 115.58 km，人工岸线增加了 108.17 km，潮滩面积减少了 1 152 km^2，潮滩平均宽度由 8.83 km 减小到 3.55 km。

（2）定量分析海岸线的变化距离和变化速度，进而得到研究区的冲淤节点。本研究首先根据多年海岸线确定了沿岸和辐射沙洲的基线，然后使用 DSAS 计算多年岸线的变化总距离、净变化距离和平均变化距离，进而统计得到研究区海岸线自侵蚀向淤积转变的节点逐渐向南转移，由 1990—2000 年的射阳河口逐渐转变为 2010—2020 年的斗龙港南翼，最后根据多年海岸线的变化距离和研究周期，计算出岸线的变化速度。

（3）提出了时间序列海岸线潮滩岸段稳定性的判定方法。根据岸线端点的变化速率和剖面线数量，分别对沿岸和辐射沙洲的稳定性指数进行计算，并对不同稳定等级岸段的空间位置与长度进行统计。结果表明，江苏中部沿海岸段的稳定特征主要表现为自北向南逐渐由稳定岸段向不稳定岸段过渡。其中，稳定岸段和较稳定岸段集中分布在大丰港以北，总长度为 88.5 km，占总岸段长度的 40%；极不稳定岸段总长度为 63.97 km，占总岸段长度的 28.9%，围垦活动频繁的区域多属不稳定岸段。东沙西侧的岸段稳定性特征则与沿岸相反，表现为北部为不稳定岸段和极不稳定岸段，总长度为 5.7 km，占总岸段长度的 13.82%，中段和南段为稳定岸段和较稳定岸段，总长度为 35.53 km。

第5章 海岸带潮滩滩面稳定性分析

海岸带受潮汐、波浪、风暴潮等作用的影响，潮滩间歇性出露或被海水淹没，出露范围处于时刻变化的状态。江苏中部沿海潮滩包括沿岸潮滩和离岸辐射沙洲，在不同成像时刻的遥感影像中，由于潮位的不同，潮滩的出露范围相差很大。在海水向内陆的冲刷过程中，若不同成像时刻的潮滩地物类型没有或较少发生变化，那么我们可以认为该潮滩属于稳定潮滩；若在不同成像时刻的影像中，海水和陆地频繁地改变，则认为该区域属于不稳定潮滩。时间序列的遥感影像能够提供越来越丰富的详细数据，从而为潮滩滩面稳定性分析提供了机会。本研究以低潮位时刻成像的遥感影像为基础数据，从潮沟系统的频繁摆动对潮滩稳定性影响的角度评价潮滩的稳定性。海岸带潮滩滩面的稳定性分析对于海岸带管理和沿海主要的人类活动能够提供重要的参考。

本章基于时间序列卫星影像，首先，根据多时相潮沟的提取结果，采用骨架线提取算法和目视检查，得到潮沟系统的骨架线，并在此基础上得到中轴线，进而开展潮沟系统偏移量的测算；其次，在盐沼带、潮间中上带和潮间下带分别选取一个样区，以 HJ–1 CCD 影像为基础，提出一种潮沟面积迭代累加的方法，对不同分区内潮沟系统的摆动周期进行分析，并选择上海崇明岛东南部的九段沙潮滩进行验证；再次，在所有低潮时刻潮沟提取结果的基础上，提出采用相邻时刻图像差值的绝对值进行频次累加，通过统计潮沟系统在相邻影像中属性是否存在变动，以及在所有时刻变动的总频次，进而开展潮滩稳定性的评价研究；最后，将潮滩稳定性的评价结果与沿岸人类活动进行叠加统计分析，明晰稳定性评价结果对人类活动的作用。综上所述，本章的主要研究内容分为以下几个部分：主潮沟偏移量测算、潮沟摆动周期计算、潮滩滩面稳定性评价及其对人类活动的作用分析（图 5–1）。

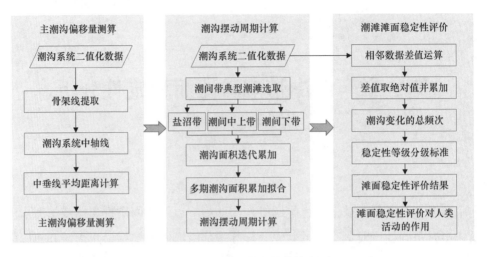

图 5-1　潮滩滩面稳定性分析流程

5.1　基于中轴线偏移距离的潮沟偏移量测算

5.1.1　中轴线偏移距离测算方法

潮汐水道的动态消长与摆动是导致潮滩冲淤调整的主要因素之一，其发育和演变反映了整个滩面的动态变化过程。江苏中部沿岸潮滩主要受北部西洋通道和南部黄沙洋通道的双重影响，其中西洋通道自北向南冲刷中又分叉为西大港和东大港两条潮沟，南部的黄沙洋通道在向内陆冲刷过程中，形成了条鱼港潮沟，西大港和条鱼港潮沟摆动频率高，摆动幅度大，对海岸围垦工程造成一定的威胁。为了对潮沟系统的演变特征进行分析，本研究提出采用偏移量对三大潮沟系统的演变规律进行分析。由于潮沟系统在各个分段的宽度和流向均不相同，有的沟段宽度能够达几十米，而有的沟段宽度仅有几米，导致面状潮沟的偏移量计算较为复杂。为了能够较为准确地表达潮沟的偏移情况，本研究提出"以线代面"的方法，以潮沟中轴线的位置变化来表示面状潮沟的变化，进而计算同一条潮沟在不同时刻中轴线的偏移量。

对于潮沟系统中轴线的提取，研究采用骨架线提取算法，通过输入潮沟的二值化图层，可以自动获得每个面状潮沟的骨架线。针对提取的骨架线，通过目视判读可以发现总体提取效果较好，但在面状潮沟宽度有明显变化的位置会得到一小段骨架线［图5-2（a）］，研究通过目视检查的方法，将这些小段的骨架线修剪，进而得到潮沟系统完整的中轴线［图5-2（b）］。

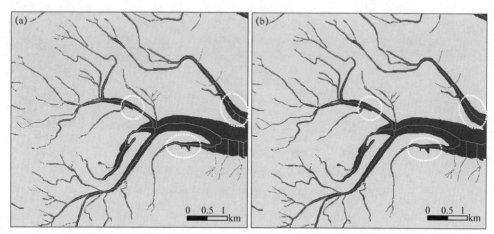

（a）中轴线提取初步结果；（b）人工修改后的潮沟系统中轴线，椭圆虚线表示修改前后比较。

图5-2　潮沟系统中轴线的提取与修剪

由于中小尺度潮沟系统在不同时刻摆动频繁，不易分析其演变规律，因而本节主要对主潮沟的空间位置偏移情况进行分析。为了更清晰地表达偏移量的测算过程，本研究选择了东大港的两期潮沟数据进行说明：首先，对潮沟的二值化图层分别采用骨架线提取算法，得到每一期潮沟的中轴线［图5-3（a）和（b）］；其次，以这两期潮沟系统的中轴线为基础，又可以得到一条中心线，在生成的中心线上按照一定的距离（100 m）生成多个间隔点，经过这些间隔点可以作一系列垂直于中心线的中垂线；再次，以两条中轴线为边界进行裁剪得到多条横断线，这些横断线的长度即为两期潮沟在不同间隔点实际变化的距离；最后，由于多条横断线的长度不等，即潮沟系统在不同位置的偏移距离不等，因此，为了便于统计分析，本研究以这些横断线的平均长度作为两期潮沟系统的偏移量［图5-3（c）］。经测算，东大港在此时段内的平均偏移距离为2.92 km。以此类推，分别对三条主潮沟所有相邻的偏移量进行累加，即可得到潮汐水道的总偏移量，将总偏移量与相差年份做比值运算，即可得到主潮沟的年平均偏移量。

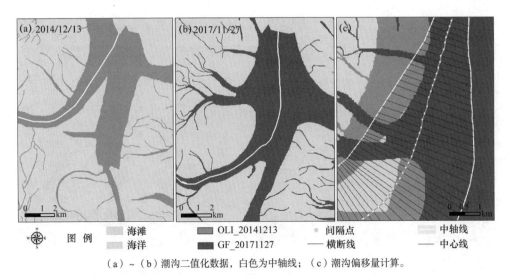

（a）~（b）潮沟二值化数据，白色为中轴线；（c）潮沟偏移量计算。

图 5–3　东大港潮沟偏移量测算

5.1.2　主潮沟偏移量测算

　　考虑到数据的可获取性，本研究选择了 22 景低潮位时刻成像的遥感影像对西大港、东大港和条鱼港三大主潮沟系统的演变规律进行分析。为了使结果更具有对比性，在所选年份的上半年和下半年各选择 1 景，且尽量选择相同或相近月份的影像，采用潮沟系统中轴线偏移距离的方法测算主潮沟的偏移量［图 5–4（a）］。从图 5–4 中可以看出，潮滩冲淤多变区域主要分布于西大港、东大港、条鱼港等潮沟中下段频繁摆动区域，其中西大港南段、条鱼港北段以及东大港整体的潮沟摆动最为频繁。三大主潮沟系统中，西大港北段和条鱼港南段较为稳定，西大港南段摆幅剧烈，最大摆幅约 5 km，对沿岸的围垦工程影响最为直接；东大港整体变化最为明显，最大摆幅约 6 km；条鱼港摆幅最小，最大摆幅约 1 km。值得一提的是，2009—2019 年，东大港潮沟摆动呈现较为明显的自北向东南方向移动的规律［图 5–4（c）］。经测算，近 10 年东大港的偏移总量达 14.68 km，平均每年偏移约 1.3 km，这说明条子泥沙洲整体表现出由北部逐渐向东南方向移动的趋势。而西大港和条鱼港两个主潮沟与海洋直接相连，分别受北部西洋通道和南部黄沙洋通道的直接冲刷，未表现出明显的方向性移动规律［图 5–4（b）和（d）］。

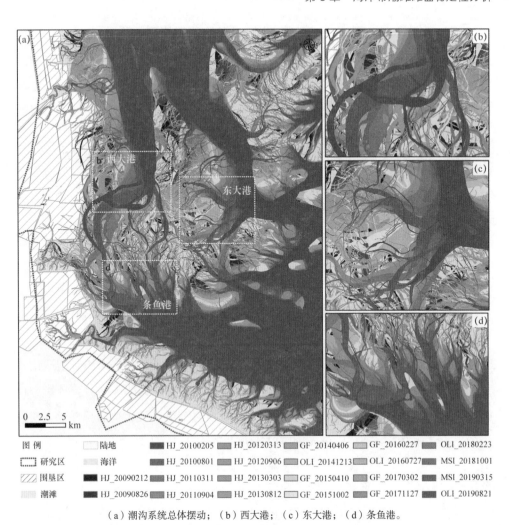

（a）潮沟系统总体摆动；（b）西大港；（c）东大港；（d）条鱼港。

图5-4 研究区潮滩三大主潮沟系统演变分析

5.2 基于潮沟面积迭代的潮沟系统摆动周期分析

弯曲的潮沟系统是潮滩上重要的地貌要素，受潮波、波浪等因素的影响，潮沟系统侧向摆动频繁，尤其是末梢的小尺度潮沟和经过一次或两次汇流的中尺度潮沟，是导致滩面冲刷和淤积快速变化的一个重要因素，在不同时刻成像的遥感影像中，潮沟系统的形态特征几乎都是不同的。对于沿岸宽阔的潮滩来说，潮沟系统多呈树枝状分布，在时间序列的遥感影像中，中小尺度的潮沟系统通常围绕其主潮沟摆动，可能呈现一定的周期性摆动的现象；对于辐射沙洲滩面来说，则多发育等级不高的中小尺度潮沟，并与相邻的潮沟系统动态响应。因此，揭示不同潮滩分带下潮沟系统的动态变化特征及其摆动周期规律，对研究潮滩稳定性十分重要（陈君 等，2012）。

5.2.1 多期潮沟面积迭代拟合方法

潮滩作为海陆交汇区，受潮汐作用影响明显，滩面一直处于淹没和出露干湿交替的状态，在时间轴上呈现周期性变化的特征。同时，潮滩局部区域受到潮沟摆动的影响，变异性显著。作为潮滩上动态摆动的地貌单元，潮沟系统可能也存在一定的周期规律。本研究所使用的影像均为每月低潮位的成像，潮沟系统受潮汐、波浪等外界因素的影响最小，潮滩的出露面积最大。江苏中部沿海潮滩自沿岸向海洋方向可分为盐沼带、潮间中上带和潮间下带，为反映潮沟系统在不同分带上的摆动规律，在各分带分别选取 1 个典型的潮滩样区，提出采用分期迭代累加的方法，对每个样区内的多期潮沟面积进行求和运算。具体来说，统计影像在时间 1、时间 1+ 时间 2、时间 1+ 时间 2+ 时间 3 的面积，以此类推，直至多期潮沟的面积之和趋于一个稳定值，则可以认为这个时间间隔为潮沟系统的摆动周期。

5.2.2 基于 HJ-1 影像的摆动周期分析

为反映潮沟系统在不同潮间带上的摆动规律，本研究通过采用多期潮沟分期迭代累加的方法统计不同时期的累加面积［图 5-5（a）］。按照潮沟的空间分布，潮滩被分割成一个个独立的地貌单元，形成潮沟和滩面共同组成的潮盆。根据潮沟系统的频次分布，在围垦区内的盐沼带选择 1 个潮盆；潮间中上带和潮间下带由于潮沟系统摆动剧烈，变化频次累加后潮盆边界不明显，因此分别确定 1 个矩形区域为实验样区，对每个样区内的多期潮沟进行求和运算，直到面积趋于一个稳定值，则可认为此周期为潮沟的摆动周期。在研究使用的四类遥感影像类型中，由于 HJ-1 CCD 影像的可用日期最早，且 HJ-1A 与 HJ-1B 两颗卫星的轨道完全相同，组网后重访周期仅为 2 天，时间分辨率较高，可供使用的影像数量较多，因此我们选择 HJ–1 CCD 影像研究潮沟系统的摆动周期。

由图 5–5（b）~（d）可知，自 2009 年 1 月 18 日起，围垦区内的盐沼带潮沟面积至 2011 年 1 月 11 日基本趋于稳定，摆动周期为 723 天；潮间中上带的潮沟面积至 2011 年 9 月 4 日基本趋于稳定，摆动周期为 959 天；潮间下带的潮沟面积至 2012 年 3 月 13 日基本趋于稳定，摆动周期为 1 150 天。3 个典型样区拟合后的 R^2 均大于等于 0.95，说明自稳定周期后潮沟面积的累加趋于一个稳定值。为反映潮沟系统在不同潮间带上的摆动规律，本研究通过采用多期潮沟分期迭代累加的方法统计不同时期的累加面积。可以看出，潮沟的摆动周期在围垦区的盐沼带约为 2 年，在潮间中下带约为 3 年。因此，潮沟的摆动周期自沿岸向海洋方向不断增加，总体的摆动周期为 2 ~ 3 年。

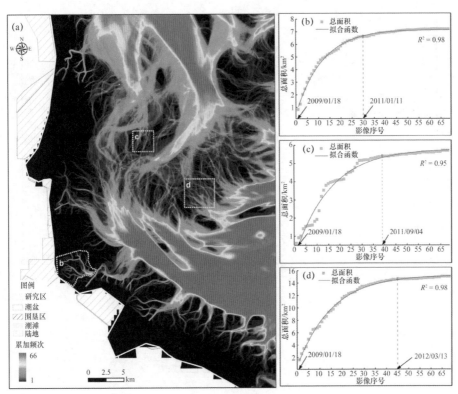

（a）潮沟系统总体变化频次；（b）~（d）潮沟面积迭代拟合，分别为盐沼带、潮间中上带和潮间下带，
横坐标上的数字表示 HJ–1 CCD 影像的成像日期序号。

图 5–5　潮沟系统在潮滩不同分带的摆动周期

5.2.3 潮沟系统摆动周期验证

为了证明潮沟摆动周期方法的可转移性，本研究选择上海崇明岛东南部的九段沙潮滩进行验证，该沙洲为一个岛屿，因此可以看作一个独立潮盆。在数据的选择上，本研究使用该区域 2015 年 2 月 10 日至 2019 年 10 月 19 日的 HJ–1 CCD 卫星影像，低潮时刻影像共 32 景。采用研究提出的潮沟面积分期迭代累加的方法，得到该区域潮沟的侧向摆动周期。由图 5–6 可知，潮盆内潮沟面积 2015 年 2 月 10 日至 2017 年 10 月 25 日累加值逐渐趋于稳定，摆动周期为 988 天，R^2 为 0.98。由于该潮滩被海水包围，受海浪影响潮沟摆动较频繁，但又不如条子泥区域受到的两大潮波系统影响剧烈，该区域潮沟的摆动周期约为 2.7 年。

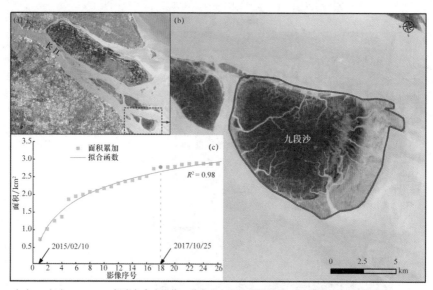

（a）~（b）HJ–1 CCD 假彩色合成影像，紫色为九段沙潮滩范围；（c）潮沟系统摆动周期拟合。

图 5–6　九段沙潮沟系统摆动周期验证

5.3　基于潮沟变化频次累加的滩面稳定性分析

5.3.1　变化频次累加（CCF）方法

在潮流、波浪、风暴潮等诸多因素的共同作用下，潮沟系统常表现出频繁摆动、侧向侵蚀等特征，是影响潮滩稳定性的关键因素之一。本研究从潮沟频繁摆动对潮滩稳定性的影响出发，在所有低潮时刻潮沟提取结果的基础上，提出采用相邻时刻图像差值的绝对值进行变化频次累加（Cumulative Change Frequency，CCF）的方法［式（5–1）］，通过统计潮沟系统在相邻影像中属性是否存在变动，以及在所有时刻变动的总频次，进而分析该区域潮滩的稳定性。具体来说，假定某一潮沟系统在两个相邻影像中位置均没有变化，即差值结果为 0，该潮沟系统稳定；否则，若差值结果为 1 或者 –1，则表明该潮沟系统的位置实际变动了 1 次。对所有影像按照成像时间进行排序，并将所有影像与前一景做差值运算，结果取绝对值，是为了避免当前影像与相邻的两景影像在分别相减后的和相互抵消为 0，而实际上变动了 2 次，最后将所有绝对值进行累加，得到潮沟总的变化频次（图 5–7）。

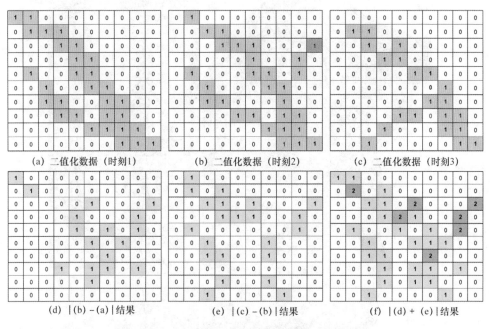

(a) 二值化数据（时刻1）　　(b) 二值化数据（时刻2）　　(c) 二值化数据（时刻3）

(d)｜(b) – (a)｜结果　　　(e)｜(c) – (b)｜结果　　　(f)｜(d) + (e)｜结果

（a）~（c）三个时刻的二值化数据（1 为潮沟，0 为潮滩）；

（d）~（e）潮沟在两个相邻时刻的变化；（f）变化总频次。

图 5–7　潮沟变化频次累加示意

$$CCF = \sum_{i=2}^{n} \left| T_i - T_{i-1} \right| \qquad （5-1）$$

式（5-1）中，CCF 表示潮沟变化频次累加结果；T_i 代表影像序号为 i 时的潮沟二值化影像；T_{i-1} 代表影像序号为 $i-1$ 时的潮沟二值化影像。CCF 值为 0 代表该地貌单元在所有影像中均没有变化，为稳定潮滩；相反，CCF 值越大，则说明该区域地貌类型变化频繁，为不稳定潮滩。

5.3.2 潮沟变化频次累加计算

本研究以江苏中部沿海潮滩 2000—2020 年 155 景低潮时刻影像提取的潮沟系统为基础，采用相邻的潮沟图像进行差值运算，取绝对值后再累加的方法，计算每个栅格单元在所有时刻的变化总频次，并绘制了潮沟系统变化频次累加分布图（图 5-8）。从图中可以看出，在 155 景影像中，潮沟的变化频次最多为 93 次，表

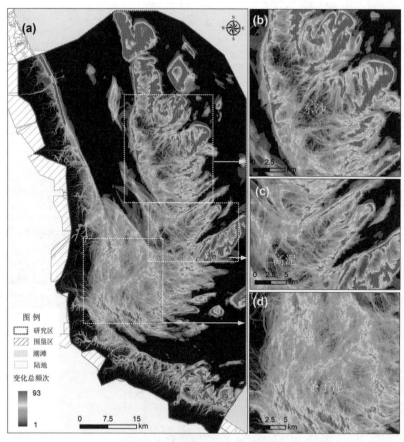

图 5-8 潮沟系统变化频次累加

示像元的属性类型处于动态变化的状态；变化频次最少为0次，说明该区域的属性类型长期处于不变的状态。黑色表示在所有卫星影像中位置均无变动的栅格单元，这些区域表示所有影像中属性类型均为潮沟（海水）或者均为潮滩背景，主要分布在西洋通道等常年被海水覆盖的区域以及潮滩近岸，说明沿岸潮滩的稳定性总体较高。蓝色表示变化频次较小的区域，也就是说，只有少数时期影像的栅格单元发生变化，主要位于近岸和辐射沙洲的腹部区域，以及东大港北段和蒋家沙附近等与外海相连的主干水道，这些区域基本也属于稳定潮滩。红色表示栅格单元类型频繁变化的区域，主要分布在辐射沙洲的外缘区域、沿岸小洋港以南的南段以及条子泥沙洲几条主潮沟的中下段部分，如西大港南段和条鱼港北段，这些区域均属于不稳定潮滩。另外，研究区腹部区域分布大量错综复杂的细小潮沟，且相比于大型潮沟，这些细小潮沟表现得更加混乱复杂，这也反映了位于潮滩中上部的小尺度潮沟在形态上更加易变，且细小潮沟的消亡和发育速度较快。

5.3.3　滩面稳定性等级划分与评价

根据潮沟系统变化频次的累加结果，按照频次为5分别统计对应的潮滩面积（图5-9）。研究区总面积为4 661.05 km^2，其中，无变化的潮滩面积为1 957.46 km^2，占总面积的42.00%；超过一半的潮沟变化频次低于10，频次为0~10的潮滩面积为2 760.59 km^2，占总面积的59.23%，这些区域在155景影像中，属性类型仅在少量时刻发生变化，总体比较稳定，因此，本研究将变化频次为0~10的像元定义为稳定潮滩。除稳定潮滩之外，变化频次为11~45的栅格像元数量最多，潮滩面积共1 604.1 km^2，占总面积的34.42%。在这些区域中，对照潮沟变化频次分布图中色带拉伸的显示效果，分别按照60%和40%的比例划分中等稳定潮滩和低稳定潮滩，其中中等稳定潮滩面积939.12 km^2，低稳定潮滩面积为664.98 km^2。在155景潮沟二值化影像中，变化频次高于45的像元数量相对较少，潮滩面积为296.36 km^2，占总面积的6.36%；变化频次高于59的像元数量更少，每个变化频次对应的潮滩面积均低于10 km^2；变化频次高于79的像元面积均低于1 km^2，这些像元的属性类型经常发生变化，在前一景影像中为潮沟，后一景影像中就变为了潮滩，因此定义为不稳定潮滩。

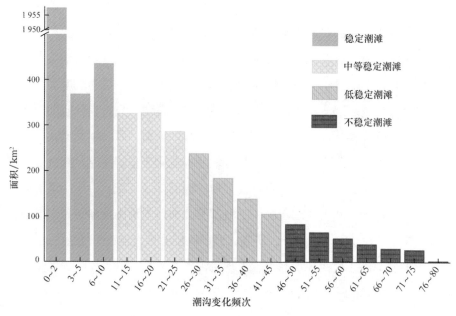

图 5-9   不同变化频次的潮滩面积统计

根据潮沟变化累加频次及其各频次对应的像元数量，经过多次尝试大致按照 10%、20%、40% 和 30% 的比例，以频次为 10、25、45 为拐点进行分割，得到江苏中部沿海潮滩稳定性分级结果（图 5-10）。从图中可以看出，除了未发生变化的常年被海水覆盖的区域之外，稳定潮滩和中等稳定潮滩主要分布在沿岸潮滩北段和中段以及东沙、高泥和条子泥沙洲的内部；潮沟活跃的区域多为低稳定区，集中分布在条子泥沙洲东大港、西大港和条鱼港几条主潮沟的中上段以及东沙和高泥向海洋一侧的沿岸；不稳定潮滩则主要分布在北部亮月沙、泥螺珩、东沙的北部和东部外缘区域以及竹根沙南段，这是由于这些区域受潮位的影响最为直接，经常性地处于出露和淹没的状态。除此之外，沿岸的南段、条子泥沙洲西大港和条鱼港的中下段区域由于潮沟摆动频繁，也属于不稳定潮滩。

将研究区沿海岸段以弶港为中心分为北岸和南岸，辐射沙洲则依据沙洲的空间位置分布以及稳定性分级结果，共分为 7 个沙洲。从划分的 9 个区域来看，条子泥沙洲连接海洋与内陆，为该区域潮滩面积最大的沙洲，潮滩宽度可达

20 km，大部分区域为稳定潮滩和中等稳定潮滩；其次为东沙，低潮时潮滩面积可达 574.6 km²，不稳定潮滩的面积和比例明显增加，其余几个沙洲除高泥外，均存在不稳定潮滩比例较高的情况，高泥因与条子泥相连，除东岸较少区域为低稳定潮滩和不稳定潮滩外，其余均属稳定潮滩和中等稳定潮滩；沿岸的南岸和北岸面积分别为 451.82 km² 和 323.6 km²，与辐射沙洲相比，沿岸潮滩的稳定等级比例均可达 56% 以上，这主要是由于沿岸受到潮位的影响相对较小，潮沟变化频次较小（图 5-11）。

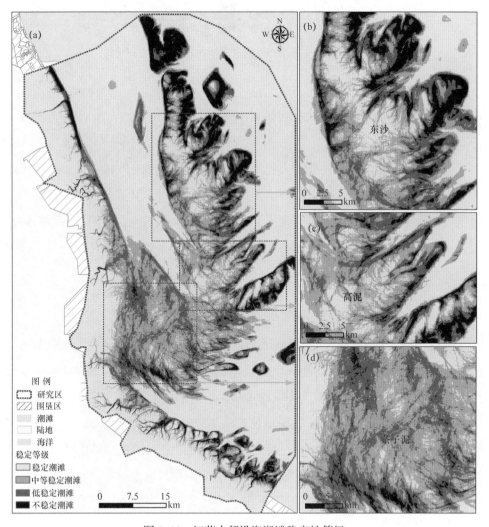

图 5-10　江苏中部沿海潮滩稳定性等级

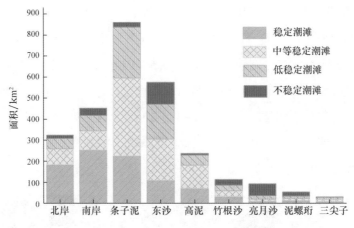

图 5-11　江苏中部沿海潮滩及各沙洲稳定等级面积统计

5.4　潮滩稳定性评价对人类活动的作用

江苏中部沿海海岸带主要的人类活动包括沿岸人工围垦与港口建设，离岸沙洲上紫菜和牡蛎等水产养殖以及海岸带风电场的建设等。紫菜的插杆和播种以及风电场的维护都需要人们定期在潮滩上工作，海面风浪较大，不可控的自然因素较多，因此适时开展潮滩滩面的稳定性评价能够为海岸带管理与从事海上工作的人们提供重要的参考。

5.4.1　稳定性评价对围垦区利用的作用

为增加可用的发展空间，缓解人口增长和城镇化带来的压力，滩涂围垦和港口建设成为海岸带开发中的一项重要活动。江苏沿海自 20 世纪 70 年代开始围垦活动，2000 年围垦面积为 109.84 km²，达到第一个峰值，2013 年为第二个峰值，围垦面积达 122.45 km²，围垦使自然岸线减少了 115.33 km。研究区潮沟系统摆动频繁，尤其是北部的射阳河口至梁垛河口之间的西大港距离围垦区最近。通过对 1990—2020 年的遥感影像分析可知，西大港潮沟与围垦线的距离从 1990 年的 7 km 减少到 2020 年的仅 3 km，在未来的人类活动中需要注意对该区域的合理利用和保护。

　　将多年围垦区面积与潮滩稳定性的评价结果进行累加（图 5–12）。结果表明，现有围垦区大多分布在稳定潮滩，这是由于沿岸距离海洋较远，海水冲向潮滩时形成的潮沟多为细小的末梢潮沟，且受沿岸互花米草和碱蓬等盐沼植被的影响，潮沟发育的数量相比于潮下带的光滩较少，潮沟宽度也较窄。从沿岸各行政单元来看，围垦区内稳定潮滩均在 90% 以上，其中以大丰的稳定潮滩最多，占大丰围垦区总面积的 95.44%，东台市和如东县的稳定潮滩也分别达 94.58% 和 93.33%，不稳定潮滩

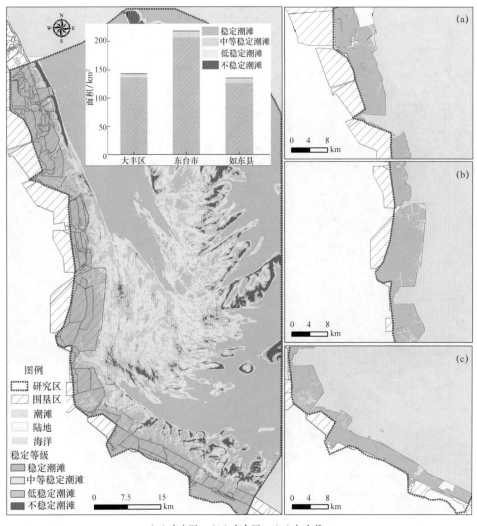

（a）大丰区；（b）东台区；（c）如东县。

图 5–12　潮滩稳定性评价结果对围垦区利用的作用

比例均低于 1%，说明江苏中部沿海围垦区的选择较为合理，均可正常利用。其中东台市小洋港附近的部分岸段属于低稳定区，在未来的海岸带资源利用中要加强对该区域的保护和管理，以实现海洋资源的可持续利用与发展。

5.4.2 稳定性评价对紫菜养殖区选择的作用

紫菜的养殖和采收均需要人工完成，因此紫菜养殖位置的选择对于保障人们在海上的工作安全至关重要。通过将多年的紫菜养殖区与潮滩稳定性结果进行叠加［图 5–13（a）］，对不同年份的紫菜养殖区的潮滩面积进行统计［图 5–13（b）］。结

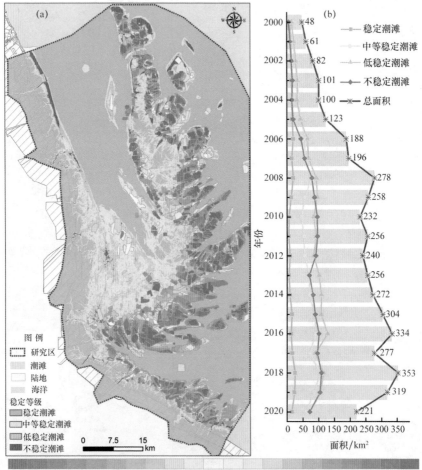

图 5–13　潮滩稳定性评价结果对紫菜养殖区选择的作用

果表明，2000—2020 年紫菜养殖面积处于快速增加—持平—缓慢增加—减少的趋势，由于紫菜生长环境的特殊性，比较适合在潮流畅通、稍有风浪的潮滩养殖，因此紫菜多位于条子泥沙洲南岸、东沙和高泥沙洲的靠海一侧的外缘潮滩，而这些区域多半位于潮沟变化频次较高的潮滩，尤其是东沙和高泥沙洲。经统计，2000—2005 年紫菜基本分布在稳定潮滩，随着 2006 年紫菜养殖面积的扩大，其位于低稳定潮滩和不稳定潮滩的比例也在快速增加，2018 年紫菜面积达到最大，所在的低稳定潮滩和不稳定潮滩面积达 223.27 km²，占紫菜总养殖面积的 63.22%，这对从事海上工作的人们构成一定的威胁，研究结果能够对后期紫菜养殖区的选择提供一定的参考。

5.4.3 稳定性评价对风电场利用的作用

江苏中部沿海潮滩平坦宽阔，且海岸风力大，适用于大规模风电场建设。由于风力发电机的高度一般都在几十米，其基站一般选择在非常稳定的区域。本研究基于风力涡旋机的位置生成以 100 m 为半径的缓冲区，将提取的多年风电场与潮滩稳定性的分级进行叠加。结果显示，江苏中部沿海风电场有 47% 位于稳定潮滩；22.65% 位于中等稳定潮滩，主要分布在沿岸和条子泥、高泥沙洲；20.35% 和 10% 分别位于低稳定潮滩和不稳定潮滩，集中分布在北部亮月沙和南部部分岸段，在后期进行风电场维护和检修时尤其需要注意这些区域（图 5–14）。

5.5 本章小结

本章基于 1990—2020 年低潮时刻获取的潮沟数据，提出一种潮沟变化频次累加的方法，对江苏中部沿海潮滩的稳定性进行评价；作为潮滩上最为活跃的地貌单元，潮沟系统摆动频繁，在时间轴上可能也存在周期性特征，采用潮沟面积迭代拟合的方法对潮沟系统的摆动周期进行分析。本研究的具体内容和结果如下：

（1）定量测算研究区内几大主潮沟的偏移特征。采用潮沟系统中轴线的偏移距离方法，对区域内西大港、东大港、条鱼港的最大摆动幅度和平均摆动距离进行定量分析，同时对几条潮沟的摆动规律进行分析。结果表明，东大港潮沟的摆

动呈现较为明显的自北向东南方向移动的规律，2009—2019 年东大港的偏移总
量达 14.68 km，平均每年的偏移距离约 1.3 km。

（2）分析与验证海岸带不同潮间带中潮沟系统摆动周期。基于可用影像数量
较多的国产 HJ–1 CCD 影像，提出采用多期潮沟面积迭代拟合的方法对潮沟系统
在时间轴上的摆动周期进行分析，并选择九段沙沙洲对该方法的可转移性进行验
证。结果表明，江苏中部沿海潮沟系统的摆动周期自沿岸向海洋方向不断增加，
在盐沼区约为 2 年，在潮间中下带约为 3 年。

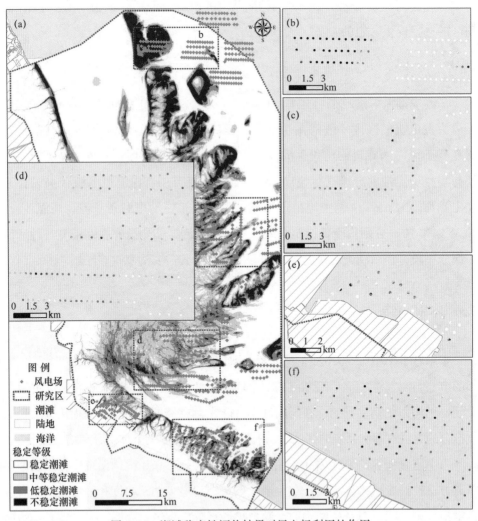

图 5–14　潮滩稳定性评价结果对风电场利用的作用

（3）提出变化频次累加的潮滩滩面稳定性评价方法。本研究基于 1990—2020 年的 155 景潮沟二值化数据，提出一种潮沟变化频次累加的方法，对沿岸和辐射沙洲的滩面稳定性进行定量评价。结果表明，江苏中部沿海的稳定潮滩面积为 2 760.59 km²，占总面积的 59.23%，主要分布在沿岸及几条与外海相连的主干水道。其中，因常年被海水覆盖属性未发生变化的区域面积约 1 957.46 km²；中小尺度潮沟发育程度高的区域多为低稳定区，面积为 664.98 km²，占变化潮滩总面积的 24.6%，集中分布在条子泥沙洲几条主潮沟的中上段、东沙和高泥向海洋一侧的沿岸；不稳定区面积为 296.36 km²，占总面积的 6.36%，主要分布在北部亮月沙、泥螺珩、东沙的北部和东部外缘区域以及竹根沙南段。

（4）分析稳定性评价结果对沿海主要的人类活动的作用。以稳定性评价结果为基础，将其在垦区匡围、紫菜养殖以及海上风电场建设中发挥的作用进行定量分析。结果表明，95% 的围垦区位于稳定潮滩，10% 的风电场位于不稳定潮滩，而 63% 的紫菜养殖区位于低稳定潮滩和不稳定潮滩。

参考文献

毕京鹏，张丽，王萍，等，2019. 海岸水边线图像分割提取算法的数学形态学改进及其区域适应性分析［J］. 地理与地理信息科学，35（1）：20–29.

陈才俊，1991. 江苏淤长型淤泥质潮滩的剖面发育［J］. 海洋与湖沼，22（4）：360–368.

陈君，冯卫兵，张忍顺，2004. 苏北岸外条子泥沙洲潮沟系统的稳定性研究［J］. 地理科学，24（1）：94–100.

陈君，王义刚，蔡辉，2010. 江苏沿海潮滩剖面特征研究［J］. 海洋工程，28（4）：90–96.

陈君，赵磊，卫晓庆，2012. 江苏淤泥质潮滩及近岸沙洲的稳定性判别［J］. 水利经济，30（3）：15–19.

陈玮彤，张东，崔丹丹，等，2018. 基于遥感的江苏省大陆岸线岸滩时空演变［J］. 地理学报，73（7）：1365–1380.

陈翔，韩震，2012. TerraSAR–X 在长江口九段沙潮沟信息提取中的应用［J］. 海洋湖沼通报（4）：25–30.

崔红星，杨红，2018. 基于 Sentinel–2A 卫星数据面向对象的水边线提取——以如东县为例［J］. 海洋科学，42（12）：94–99.

戴玮琦，李欢，龚政，等，2019. 无人机技术在潮滩地貌演变研究中的应用［J］. 水科学进展，30（3）：359–372.

丁小松，单秀娟，陈云龙，等，2018. 基于数字化海岸分析系统（DSAS）的海岸线变迁速率研究：以黄河三角洲和莱州湾海岸线为例［J］. 海洋通报，37（5）：565–575.

高恒娟，丁贤荣，葛小平，等，2014. 沿海滩涂稳定性的长系列遥感定量分析方法［J］. 南京大学学报（自然科学版），50（5）：585–592.

高志强，刘向阳，宁吉才，等，2014. 基于遥感的近 30 a 中国海岸线和围填海面积变化及成因分析［J］. 农业工程学报，30（12）：140–147.

龚政，靳闯，张长宽，等，2014. 江苏淤泥质潮滩剖面演变现场观测［J］. 水科学进展，25（6）：880–887.

龚政，严佳伟，耿亮，等，2018. 开敞式潮滩 – 潮沟系统发育演变动力机制——Ⅲ . 海平面上升影响［J］. 水科学进展，29（1）：109–117.

郭永飞，韩震，2013. 基于 SPOT 遥感影像的九段沙潮沟信息提取及分维研究［J］. 海洋与湖沼，44（6）：1436–1441.

侯西勇，徐新良，2011. 21 世纪初中国海岸带土地利用空间格局特征［J］. 地理研究，30（8）：1370–1379.

贾明明，刘殿伟，王宗明，等，2013. 面向对象方法和多源遥感数据的杭州湾海岸线提取分析［J］. 地球信息科学学报，15（2）：262–269.

瞿继双，王超，王正志，2003. 一种基于多阈值的形态学提取遥感图象海岸线特征方法［J］. 中国图象图形学报，8（7）：805–809.

李飞，2014. 南黄海辐射沙洲内缘区演变驱动机制及围垦布局研究［D］. 南京：南京师范大学 .

李飞，曹可，赵建华，等，2018. 典型海岸线指标识别与特征研究——以江苏中部海岸为例［J］. 地理科学，38（6）：963–971.

李俊杰，何隆华，戴锦芳，等，2006. 基于遥感影像纹理信息的湖泊围网养殖区提取［J］. 湖泊科学，18（4）：337–342.

李彦平，刘大海，罗添，2021. 国土空间规划中陆海统筹的内在逻辑和深化方向——基于复合系统论视角［J］. 地理研究，40（7）：1902–1916.

刘秀娟，高抒，汪亚平，2010. 淤长型潮滩剖面形态演变模拟：以江苏中部海岸为例［J］. 地球科学（中国地质大学学报），35（4）：542–550.

刘艳霞，黄海军，丘仲锋，等，2012. 基于影像间潮滩地形修正的海岸线监测研究——以黄河三角洲为例［J］. 地理学报，67（3）：377–387.

卢霞，顾杨，王晓静，等，2018. 连云港近海紫菜养殖区遥感识别、空间变异和驱动分析［J］. 海洋科学，42（7）：87–96.

罗峰，蒋冰，董冰洁，等，2018. 潮滩剖面形态特征及演变［J］. 科技导报，36（14）：35–41.

任美锷，2006. 黄河的输沙量：过去、现在和将来——距今 15 万年以来的黄河泥沙收支表［J］. 地球科学进展，21（6）：551–563.

邵虚生，1988. 潮沟成因类型及其影响因素的探讨［J］. 地理学报，55（1）：35–43.

时钟，陈吉余，虞志英，1996. 中国淤泥质潮滩沉积研究的进展［J］. 地球科学进展，11（6）：

555–562.

孙超，刘永学，李满春，等，2015. 近 25 a 来江苏中部沿海盐沼分布时空演变及围垦影响分析［J］. 自然资源学报，30（9）：1486–1498.

孙孟昊，蔡玉林，顾晓鹤，2019. 基于潮汐规律修正的海岸线遥感监测［J］. 遥感信息，34（6）：105–112.

索安宁，2017. 海岸空间开发遥感监测与评估［M］. 北京：科学出版社.

王芳，夏丽华，陈智斌，等，2018. 基于关联规则面向对象的海岸带海水养殖模式遥感识别［J］. 农业工程学报，34（12）：210–217.

王李娟，牛铮，赵德刚，等，2010. 基于 ETM 遥感影像的海岸线提取与验证研究［J］. 遥感技术与应用，25（2）：235–239.

王诗洋，杨武年，佘金星，2016. 我国南海沿岸 Landsat 影像海岸线提取与变化分析［J］. 物探化探计算技术，38（1）：139–144.

王颖，2014. 南黄海辐射沙脊群环境与资源［M］. 北京：海洋出版社.

魏振宁，邢前国，郭瑞宏，等，2018. 基于遥感的 2000—2015 年南黄海紫菜养殖空间分布变化研究［J］. 海洋技术学报，37（4）：17–22.

吴岩峻，张京红，田光辉，等，2006. 利用遥感技术进行海南省水产养殖调查［J］. 热带作物学报，27（2）：108–111.

吴一全，刘忠林，2019. 遥感影像的海岸线自动提取方法研究进展［J］. 遥感学报，23（4）：582–602.

肖锐，2017. 近三十五年中国海岸线变化及其驱动力因素分析［D］. 上海：华东师范大学.

徐涵秋，2005. 利用改进的归一化差异水体指数（MNDWI）提取水体信息的研究［J］. 遥感学报，9（5）：589–595.

许海蓬，张彦彦，陈志远，等，2019. 近 10 年连云港海域紫菜养殖区遥感监测与分析［J］. 现代测绘，42（3）：10–14.

燕守广，2002. 江苏淤长型淤泥质潮滩上潮沟的发育与演变［D］. 南京：南京师范大学.

杨博雄，陈颖，于杰，2020. 卫星遥感影像分水岭分割与边缘检测的海岸线提取［J］. 电子技术与软件工程，11：170–171.

姚晓静，高义，杜云艳，等，2013. 基于遥感技术的近 30 a 海南岛海岸线时空变化［J］. 自然资源学报，28（1）：114–125.

于吉涛，陈子桑，2010. 华南岬间砂质海岸稳定性研究［J］. 海洋工程，28（2）：110–116.

张长宽，陈欣迪，2016. 海岸带滩涂资源的开发利用与保护研究进展［J］. 河海大学学报（自然科学版），44（1）：25–33.

张长宽，徐孟飘，周曾，等，2018. 潮滩剖面形态与泥沙分选研究进展［J］. 水科学进展，29（2）：269–282.

张忍顺，1995. 淤泥质潮滩均衡态——以江苏辐射沙洲内缘区为例［J］. 科学通报，40（4）：347–350.

张忍顺，陈才俊，1992. 江苏岸外沙洲演变与条子泥并陆前景研究［M］. 北京：海洋出版社.

张忍顺，陆丽云，王艳红，2002. 江苏海岸侵蚀过程及其趋势［J］. 地理研究，21（4）：469–478.

张旭凯，张霞，杨邦会，等，2013. 结合海岸类型和潮位校正的海岸线遥感提取［J］. 国土资源遥感，25（4）：91–97.

张媛媛，高志强，宋德彬，等，2019. 江苏近岸辐射沙洲潮滩变化遥感监测研究［J］. 长江流域资源与环境，28（8）：1938–1946.

张云，张建丽，李雪铭，等，2015. 1990年以来中国大陆海岸线稳定性研究［J］. 地理科学，35（10）：1288–1293.

张振德，肖继春，1995. 遥感在滩涂演变调查中的应用方法研究［J］. 国土资源遥感（3）：25–28.

周旻曦，2016. 江苏中部沿海潮沟系统遥感监测方法研究［D］. 南京：南京大学.

周小成，汪小钦，向天梁，等，2006. 基于 ASTER 影像的近海水产养殖信息自动提取方法［J］. 湿地科学，4（1）：64–68.

朱长明，张新，骆剑承，等，2013. 基于样本自动选择与 SVM 结合的海岸线遥感自动提取［J］. 国土资源遥感，25（2）：69–74.

朱言江，韩震，和思海，等，2017. 基于最大类间方差法和数学形态学的遥感图像潮沟提取方法［J］. 上海海洋大学学报，26（1）：146–153.

Abrahams A D，1984. Channel networks：a geomorphological perspective［J］. Water Resources Research，20（2）：161–188.

BASSOULLET P，HIR P L，GOULEAU D，et al.，2000. Sediment transport over an intertidal mudflat：field investigations and estimation of fluxes within the "Baie de Marenngres–Oleron"（France）［J］. Continental Shelf Research，20（12–13）：1635–1653.

BEHLING R，MILEWSKI R，CHABRILLAT S，2018. Spatiotemporal shoreline dynamics of Namibian coastal lagoons derived by a dense remote sensing time series approach [J]. International Journal of Applied Earth Observation and Geoinformation, 68: 262–271.

BELFIORE S, 2003. The growth of integrated coastal management and the role of indicators in integrated coastal management: introduction to the special issue [J]. Ocean & Coastal Management, 46 (3–4): 225–234.

BELL P S, BIRD C O, PLATER A J, 2016. A temporal waterline approach to mapping intertidal areas using X–band marine radar [J]. Coastal Engineering, 107: 84–101.

BIOSCA J M, LERMA J L, 2008. Unsupervised robust planar segmentation of terrestrial laser scanner point clouds based on fuzzy clustering methods [J]. ISPRS Journal of Photogrammetry & Remote Sensing, 63 (1): 84–98.

BLOTT S J, PYE K, 2004. Application of LiDAR digital terrain modelling to predict intertidal habitat development at a managed retreat site: Abbotts Hall, Essex, UK [J]. Earth Surface Processes and Landforms, 29: 893–903.

BOAK E H, TURNER I L, 2005. Shoreline definition and detection: a review [J]. Journal of Coastal Research, 21 (21): 688–703.

CHEN B Q, YANG Y M, WEN H T, et al., 2018. High–resolution monitoring of beach topography and its change using unmanned aerial vehicle imagery [J]. Ocean & Coastal Management, 160: 103–116.

CHEN J Y, CHENG H Q, DA Z J, et al., 2008. Harmonious development of utilization and protection of tidal flats and wetlands–a case study in Shanghai area [J]. China Ocean Engineering, 22 (4): 649–662.

CHEN W W, CHANG H K, 2009. Estimation of shoreline position and change from satellite images considering tidal variation [J]. Estuarine, Coastal and Shelf Science, 84: 54–60.

CHEN X D, YU S B, CHEN J, et al., 2020. Environmental impact of large–scale tidal flats Reclamation in Jiangsu, China [J]. Journal of Coastal Research, 95: 315–319.

CHIROL C, HAIGH I D, PONTEE N, et al., 2018. Parametrizing tidal creek morphology in mature saltmarshes using semi–automated extraction from lidar [J]. Remote Sensing of Environment, 209: 291–311.

CHOI J K, RYU J H, LEE Y K, et al., 2010. Quantitative estimation of intertidal sediment characteristics using remote sensing and GIS [J]. Estuarine, Coastal and Shelf Science, 88:

125–134.

CHUST G, GALPARSORO I, BORJA A, et al., 2008. Coastal and estuarine habitat mapping, using LIDAR height and intensity and multi–spectral imagery [J]. Estuarine, Coastal and Shelf Science, 78: 633–643.

COCO G, ZHOU Z, MAANEN B, et al., 2013. Morph odynamics of tidal networks: advances and challenges [J]. Marine Geology, 346 (6): 1–16.

COOK K L, 2017. An evaluation of the effectiveness of low–cost UAVs and structure from motion for geomorphic change detection [J]. Geomorphology, 278: 195–208.

CUI B L, LI X Y, 2011. Coastline change of the Yellow River estuary and its response to the sediment and run off (1976–2005) [J]. Geomorphology, 127: 32–40.

DAI W Q, LI H, ZHOU Z, et al., 2018. UAV photogrammetry for elevation monitoring of intertidal mudflats [J]. Journal of Coastal Research, 85 (10085): 236–240.

DRAUT A E, KINEKE G C, HUH O K, et al., 2005. Coastal mudflat accretion under energetic conditions, louisiana chenier–plain coast, USA [J]. Marine Geology, 214 (1–3): 27–47.

DYER K R, CHRISTIE M C, WRIGHT E W, 2000. The classification of intertidal mudflats [J]. Continental Shelf Research, 20: 1039–1060.

FAGHERAZZI S, BORTOLUZZI A, DIETRICH W E, et al., 1999. Tidal networks: 1. automatic network extraction and preliminary scaling features from digital terrain maps [J]. Water Resources Research, 35 (12): 3891–3904.

FENG L, HU C M, CHEN X L, et al., 2012. Assessment of inundation changes of Poyang Lake using MODIS observations between 2000 and 2010 [J]. Remote Sensing of Environment, 121: 80–92.

FRANGI A F, NIESSEN W J, VINCKEN K L, et al., 1998. Multiscale vessel enhancement filtering [M]. Medical Image Computing and Computer–Assisted Intervention— MICCAI' 98, Springer.

GHOSH A, MISHRA N S, GHOSH S, 2011. Fuzzy clustering algorithms for unsupervised change detection in remote sensing images [J]. Information Sciences, 181 (4): 699–715.

GONG Z N, WANG Q W, GUAN H L, et al., 2020. Extracting tidal creek features in a heterogeneous background using Sentinel–2 imagery: a case study in the Yellow River Delta, China [J]. International Journal of Remote Sensing, 41 (10): 3653–3676.

GONG Z, WANG Z B, STIVE M J F, et al., 2012. Process–based morphodynamic modeling of a schematized mudflat dominated by a long–shore tidal current at the central Jiangsu Coast, China [J] . Journal of Coastal Research, 28（6）: 1381–1392.

GORELICK N, HANCHER M, DIXON M, et al., 2017. Google Earth Engine: planetary–scale geospatial analysis for everyone [J] . Remote Sensing of Environment, 202: 18–27.

HARVEY J W, GERMANN P F, ODUM W E, 1987. Geomorphological control of subsurface hydrology in the creek–bank zone of tidal marshes [J] . Estuarine, Coastal and Shelf Science, 25（6）: 677–691.

HEYGSTER G, DANNENBERG J, NOTHOLT J, 2010. Topographic mapping of the German tidal flats analyzing SAR images with the waterline method [J] . IEEE Transactions on Geoscience and Remote Sensing, 48（3）: 1019–1030.

HOOD W G, 2007. Scaling tidal channel geometry with marsh island area: a tool for habitat restoration, linked to channel formation process [J] . Water Resources Research, 43（3）: W03409.

HORTON R E, 1945. Erosional development of streams and their drainage basins; hydrophysical approach to quantitative morphology [J] . Journal of the Japanese Forestry Society, 56（3）: 370–275.

HOU X Y, WU T, HOU W, et al., 2016. Characteristics of coastline changes in mainland China since the early 1940s [J] . Science China Earth Sciences, 59（9）: 1791–1802.

HU Z, WANG Z B, ZITMAN T J, et al., 2015. Predicting long–term and short–term tidal flat morphodynamics using a dynamic equilibrium theory [J] . Journal of Geophysical Research: Earth Surface, 120: 1803–1823.

JAYSON Q P N, ADDO K A, KUFOGBE S K, 2013. Medium resolution satellite imagery as a tool for monitoring shoreline change. Case study of the Eastern coast of Ghana [J] . Journal of Coastal Research, 65: 511–516.

JEVREJEVA S, JACKSON L P, RICCARDO E M R, et al., 2016. Coastal sea level rise with warming above 2℃ [J] . Proceedings of the National Academy of Sciences of the United States of America, 113: 13342–13347.

JIN S, LIU Y X, FAGHERAZZI S, et al., 2021. River body extraction from sentinel–2A/B MSI images based on an adaptive multi–scale region growth method [J] . Remote Sensing of

Environment, 255: 112297.

KANG Y Y, DING X R, XU F, et al., 2017. Topographic mapping on large–scale tidal flats with an iterative approach on the waterline method [J]. Estuarine, Coastal and Shelf Science, 190: 11–22.

KEARNEY W S, FAGHERAZZI S, 2016. Salt marsh vegetation promotes efficient tidal channel networks [J]. Nature Communications, 7: 12287.

KIRBY R, 2000. Practical implications of tidal flat shape [J]. Continental Shelf Research, 20 (10/11): 1061–1077.

KIRWAN M L, MEGONIGAL P, 2013. Tidal wetland stability in the face of human impacts and sea–level rise [J]. Nature, 504: 53–60.

LAKSHMI A, RAJAGOPALAN R, 2000. Socio–economic implications of coastal zone degradation and their mitigation: a case study from coastal villages in India [J]. Ocean & Coastal Management, 43: 749–762.

LASHERMES B, FOUFOULA–GEORGIOU E, DIETRICH W E, 2007. Channel network extraction from high resolution topography using wavelets [J]. Geophysical Research Letters, 34: L23S04.

LEE Y K, RYU J H, CHOI J K, 2011. A study of decadal sedimentation trend changes by waterline comparisons within the Ganghwa tidal flats initiated by human activities [J]. Journal of Coastal Research, 27 (5): 857–869.

LEI Z Y, ZHANG X S, 2015. Evaluation on the stability of muddy tidal flat [C]. International Conference on Advances in Energy and Environmental Science.

LI Z, HEYGSTER G, NOTHOLT J, 2014. Intertidal topographic maps and morphological changes in the German Warden Sea between 1996–1999 and 2006–2009 from the waterline method and SAR images [J]. IEEE Journal of Selected Topics in Applied Earth Observations and Remote Sensing, 7(8): 3210e3224.

LIU X J, GAO S, WANG Y P, 2011. Modeling profile shape evolution for accreting tidal flats composed of mud and sand: a case study of the central Jiangsu coast, China [J]. Continental Shelf Research, 31: 1750–1760.

LIU X Y, GAO Z Q, Ning J C, et al., 2016. An improved method for mapping tidal flats based on remote sensing waterlines: a case study in the Bohai Rim, China [J]. IEEE Transactions on

Geoscience and Remote Sensing, 9（11）: 5123–5129.

LIU Y F, MA J, WANG X X, et al., 2020. Joint effect of spartina alterniflora invasion and reclamation on the spatial and temporal dynamics of tidal flats in Yangtze River Estuary［J］. Remote Sensing, 12: 1725.

LIU Y X, LI M C, CHENG L, et al., 2010. A DEM inversion method for inter–tidal zone based on MODIS dataset: a case study in the Dongsha Sandbank of Jiangsu Radial Tidal Sand–Ridges, China［J］. China Ocean Engineering, 24（4）: 735–748.

LIU Y X, LI M C, CHENG L, et al., 2012. Topographic mapping of offshore sandbank tidal flats using the waterline detection method: a case study on the Dongsha Sandbank of Jiangsu Radial Tidal Sand Ridges, China［J］. Marine Geodesy, 35（4）: 362–378.

LIU Y X, LI M C, ZHOU M X, et al., 2013. Quantitative analysis of the waterline method for topographical mapping of tidal flats: a case study in the Dongsha Sandbank, China［J］. Remote Sensing, 5（11）: 6138–6158.

LIU Y X, ZHOU M X, ZHAO S S, et al., 2015. Automated extraction of tidal creeks from airborne laser altimetry data［J］. Journal of Hydrology, 527: 1006–1020.

LOHANI B, MASON D C, 2001. Application of airborne scanning laser altimetry to the study of tidal channel geomorphology［J］. ISPRS Journal of Photogrammetry and Remote Sensing, 56 （2）: 100–120.

LU W Y, SUN J Q, LIU Y X, et al., 2019. Seasonal and intra annual patterns of sedimentary evolution in tidal flats impacted by laver cultivation along the central Jiangsu coast, China［J］. Applied Sciences, 9: 522.

MANCINI F, DUBBINI M, GATTELLI M, et al., 2013. Using Unmanned Aerial Vehicles （UAV）for high resolution reconstruction of topography: the structure from motion approach on coastal environments［J］. Remote Sensing, 5（12）: 6880–6898.

MARANI M, LANZONI S, ZANDOLIN D, et al., 2002. Tidal meanders［J］. Water Resources Research, 38（11）: 1225–1238.

MARIOTTI G, FAGHERAZZI S, 2010. A numerical model for the coupled long–term evolution of salt marshes and tidal flats［J］. Journal of Geophysical Research: Earth Surface, 115: F04033.

MASON D C, DAVENPORT I J, FLATHER R A, et al., 1998. A digital elevation model of the inter–tidal areas of the Wash, England, produced by the waterline method[J]. International Journal of Remote Sensing, 19（8）: 1455–1460.

MASON D C, DAVENPORT I J, ROBINSON G J, et al., 1995. Construction of an inter–tidal digital elevation model by the "Water–Line" method[J]. Geophysical Research Letters, 22: 3187–3190.

MASON D C, SCOTT T R, WANG H J, 2006. Extraction of tidal channel networks from airborne scanning laser altimetry[J]. ISPRS Journal of Photogrammetry and Remote Sensing, 61（2）: 67–83.

MCFEETERS S K, 1996. The use of normalized difference water index（NDWI）in the delineation of open water features[J]. International Journal of Remote Sensing, 17（7）: 1425–1432.

MEDJKANE M, MAQUAIRE O, COSTA S, et al., 2018. High–resolution monitoring of complex coastal morphology changes: cross–efficiency of SfM and TLS–based survey（Vaches–Noires cliffs, Normandy, France）[J]. Landslides, 15（6）: 1097–1108.

MUKHOPADHYAY A, MAULIK U, 2009. Unsupervised pixel classification in satellite imagery using multiobjective fuzzy clustering combined with SVM classifier[J]. IEEE Transactions on Geoscience & Remote Sensing, 47（4）: 1132–1138.

MURRAY A B, KNAAPEN M A F, TAL M, et al., 2008. Biomorphodynamics: physical–biological feedbacks that shape landscapes[J].Water Resources Research, 44: W11301.

MURRAY N J, PHINN S R, CLEMENS R S, et al., 2012. Continental scale mapping of tidal flats across East Asia using the Landsat archive[J]. Remote Sensing, 4（12）: 3417–3426.

MURRAY N J, PHINN S R, DEWITT M, et al., 2019. The global distribution and trajectory of tidal flats [J]. Nature, 565（7738）: 222–225.

OTSU N, 1979. A threshold selection method from gray–level histogram[J]. IEEE Transactions on Systems, Man and Cybernetics, 9（1）: 62–66.

OZDEMIR H, BIRD D, 2009. Evaluation of morphometric parameters of drainage networks derived from topographic maps and DEM in point of floods[J]. Environmental Geology, 56（7）: 1405–1415.

PARDO–PASCUAL J E, ALMONACID–CABALLER J, RUIZ L A, et al., 2012. Automatic extraction of shorelines from Landsat TM and ETM+ multi–temporal images with subpixel precision[J]. Remote Sensing of Environment, 123: 1–11.

PASSALACQUA P, DO TRUNG T, FOUFOULA-GEORGIOU E, et al., 2010. A geometric framework for channel network extraction from lidar: nonlinear diffusion and geodesic paths[J]. Journal of Geophysical Research: Earth Surface, 115: F01002.

PERILLO G M E, 2009. Tidal courses: classification, origin and functionality[M]. Amsterdam: Elsevier B V.

PRITCHARD D, HOGG A J, 2003. Cross-shore sediment transport and the equilibrium morphology of mudflats under tidal currents[J]. Journal of Geophysical Research: Oceans, 108 (C10): 3313.

PURKIS S J, GARDINER R, JOHNSTON M W, et al., 2016. A half-century of coastline change in Diego Garcia—the largest atoll island in the Chagos[J]. Geomorphology, 261: 282–298.

RINALDO A, FAGHERAZZI S, LANZONI S, et al., 1999. Tidal networks: 3. landscape-forming discharges and studies in empirical geomorphic relationships[J]. Water Resources Research, 35 (12): 3919–3929.

RIZZETTO F, TOSI L, 2012. Rapid response of tidal channel networks to sea-level variations (Venice Lagoon, Italy)[J]. Global and Planetary Change, 92–93: 191–197.

ROBERT J N, ANNY C, 2010. Sea-level rise and its impact on coastal zones[J]. Science, 328: 1517–1520.

ROBERTS W, HIR P L, WHITEHOUSE R J S, 2000. Investigation using simple mathematical models of the effect of tidal currents and waves on the profile shape of intertidal mudflats [J]. Continental Shelf Research, 20 (10): 1079–1097.

RYU J H, CHOI J K, LEE Y K, 2014. Potential of remote sensing in management of tidal flats: a case study of thematic mapping in the Korean tidal flats [J]. Ocean & Coastal Management, 102: 458-470.

RYU J H, KIM C H, LEE Y K, et al., 2008. Detecting the intertidal morphologic change using satellite data[J]. Estuarine, Coastal and Shelf Science, 78: 623–632.

SAGAR S, ROBERTS D, BALA B, et al., 2017. Extracting the intertidal extent and topography of the Australian coastline from a 28 year time series of Landsat observations [J]. Remote Sensing of Environment, 195: 153–169.

SCHUERCH M, SPENCER T, TEMMERMAN S, et al., 2018. Future response of global coastal wetlands to sea-level rise[J]. Nature, 561 (7722): 231–234.

SHI B W, COOPER J R, PRATOLONGO P D, et al., 2017. Erosion and accretion on a mudflat: the importance of very shallow–water effects [J]. Journal of Geophysical Research: Oceans, 122（12）: 9476–9499.

SHI B W, YANG S L, WANG Y P, et al., 2014. Intratidal erosion and deposition rates inferred from field observations of hydrodynamic and sedimentary processes: a case study of a mudflat–saltmarsh transition at the Yangtze Delta front [J]. Continental Shelf Research, 90: 109–116.

SHRUTHI R B V, KERLE N, JETTEN V, et al., 2014. Object–based gully system prediction from medium resolution imagery using random forests [J]. Geomorphology, 216: 283–294.

SMITH G M, THOMSON A G, MOLLER I, et al., 2004. Using hyperspectral imaging for the assessment of mudflat surface stability [J]. Journal of Coastal Research, 20（4）: 1165–1175.

STEFANON L, CARNIELLO L, D' ALPAOS A, et al., 2012. Signatures of sea level changes on tidal geomorphology: experiments on network incision and retreat [J]. Geophysical Research Letters, 39: L12402.

STRAHLER A N, 1952. Dynamic basis of geomorphology [J]. Geological Society of America Bulletin, 63（9）: 923–938.

STURDIVANT E J, LENTZ E E, THIELER E R, et al., 2017. UAS–SfM for coastal research: geomorphic feature extraction and land cover classification from high–resolution elevation and optical imagery [J]. Remote Sensing, 9（10）: 1020.

SUN C, LIU Y X, ZHAO S S, et al., 2016. Saltmarshes response to human activities on a prograding coast revealed by a dual–scale time–series strategy [J]. Estuaries and Coasts, 40（2）: 522–539.

TEMMERMAN S, BOUMA T J, GOVERS G, et al., 2005. Impact of vegetation on flow routing and sedimentation patterns: three–dimensional modeling for a tidal marsh [J]. Journal of Geophysical Research, 110: F04019.

TEMMERMAN S, KIRWAN M L, 2015. Building land with a rising sea [J]. Science, 349（6248）: 588–589.

THIELER E R, HIMMELSTOSS E A, ZICHICHI J L, et al., 2009. The Digital Shoreline Analysis System（DSAS）Version 4.0—An ArcGIS extension for calculating shoreline change [R]. U.S. Geological Survey, Woods Hole, MA, Open–File Report 2008–1278.

VANDENBRUWAENE W, TEMMERMAN P M S, 2012. Formation and evolution of a tidal channel network within a constructed tidal marsh[J]. Geomorphology, 151–152: 114–125.

WANG Y P, GAO S, JIA J J, et al., 2012. Sediment transport over an accretional intertidal flat with influences of reclamation, Jiangsu coast, China[J]. Marine Geology, 291–294: 147–161.

WANG Y X, LIU Y X, JIN S, et al., 2019. Evolution of the topography of tidal flats and sandbanks along the Jiangsu coast from 1973 to 2016 observed from satellites[J]. ISPRS Journal of Photogrammetry and Remote Sensing, 150: 27–43.

WOODRUFF J D, 2018. The future of tidal wetlands is in our hands[J]. Nature, 561 (7722): 183–185.

XIE D F, WANG Z B, GAO S, 2009. Modeling the tidal channel morphodynamics in a macro-tidal embayment, Hangzhou Bay, China[J]. Continental Shelf Research, 29: 1757–1767.

XING Q G, AN D Y, ZHENG X Y, et al., 2019. Monitoring seaweed aquaculture in the Yellow Sea with multiple sensors for managing the disaster of macroalgal blooms[J]. Remote Sensing of Environment, 231: 111279.

XU Z, KIM D J, KIM S H, et al., 2016. Estimation of seasonal topographic variation in tidal flats using waterline method: a case study in Gomso and Hampyeong Bay, South Korea[J]. Estuarine, Coastal and Shelf Science, 183: 213–220.

YANG K, LI M C, LIU Y X, et al., 2015a. River detection in remotely sensed imagery using Gabor filtering and path opening[J]. Remote Sensing, 7 (7): 8779–8802.

YANG Y H, LIU Y X, ZHOU M X, et al., 2015b. Landsat 8 OLI image based terrestrial water extraction from heterogeneous backgrounds using a reflectance homogenization approach[J]. Remote Sensing of Environment, 171: 14–32.

ZHANG H G, LI D L, WANG J, et al., 2020. Long time–series remote sensing analysis of the periodic cycle evolution of the inlets and ebb–tidal delta of Xincun Lagoon, Hainan Island, China[J]. ISPRS Journal of Photogrammetry and Remote Sensing, 165: 67–85.

ZHANG S Y, LIU Y X, YANG Y H, et al., 2016. Erosion and deposition within Poyang Lake: evidence from a decade of satellite data[J]. Journal of Great Lakes Research, 42 (2): 364–374.

ZHANG X D, ZHANG Y X, ZHU L H, et al., 2018. Spatial–temporal evolution of the eastern Nanhui mudflat in the Changjiang (Yangtze River) Estuary under intensified human activities[J]. Geomorphology, 309: 38–50.

ZHAO B X, LIU Y X, XU W X, et al., 2019. Morphological characteristics of tidal creeks in the central coastal region of Jiangsu, China, using LiDAR[J]. Remote Sensing, 11 (20): 2426.

ZHAO B, GUO H Q, YAN Y, et al., 2008. A simple waterline approach for tidelands using multi-temporal satellite images: a case study in the Yangtze Delta[J]. Estuarine, Coastal and Shelf Science, 77 (1): 134–142.

ZHAO S S, LIU Y X, LI M C, et al., 2015. Analysis of Jiangsu tidal flats reclamation from 1974 to 2012 using remote sensing[J]. China Ocean Engineering, 29 (1): 143–154.

ZHONG Y F, ZHANG S, ZHANG L P, 2013. Automatic fuzzy clustering based on adaptive multi-objective differential evolution for remote sensing imagery [J]. IEEE Journal of Selected Topics in Applied Earth Observations & Remote Sensing, 6 (5): 2290–2301.

ZHOU L Y, LIU J, SAITO Y, et al., 2014. Coastal erosion as a major sediment supplier to continental shelves: example from the abandoned old Huanghe (Yellow River) delta [J]. Continental Shelf Research, 82: 43–59.

ZHOU Z, COCO G, WEGRN M V D, et al., 2015. Modeling sorting dynamics of cohesive and non-cohesive sediments on intertidal flats under the effect of tides and wind waves [J]. Continental Shelf Research, 104: 76–91.

ZHU L H, WU J Z, XU Z Q, et al., 2014. Coastline movement and change along the Bohai Sea from 1987 to 2012[J]. Journal of Applied Remote Sensing, 8: 1–16.

附　录

附表 1　江苏中部沿海 2015—2020 年 Sentinel–2 MSI 影像云覆盖与潮位

序号	传感器类型	成像时间	云量/（%）	潮高/m	序号	传感器类型	成像时间	云量/（%）	潮高/m
1	S2A MSI	2015–10–24 02：33：54	0	5.25	23	S2A MSI	2016–10–31 02：48：30	100	2.73
2	S2A MSI	2015–11–16 02：46：14	96	1.47	24	S2A MSI	2016–11–10 02：44：33	40	4.38
3	S2A MSI	2015–11–26 02：46：42	68	2.54	25	S2A MSI	2016–11–17 02：32：44	100	1.64
4	S2A MSI	2015–12–26 02：47：37	0	2.54	26	S2A MSI	2016–11–20 02：43：19	100	1.68
5	S2A MSI	2016–01–25 02：45：27	6	1.55	27	S2A MSI	2016–11–27 02：35：31	0	4.34
6	S2A MSI	2016–02–11 02：34：12	100	0.94	28	S2A MSI	2016–11–30 02：47：24	100	2.69
7	S2A MSI	2016–03–12 02：31：51	1	1.01	29	S2A MSI	2016–11–30 02：48：25	99	2.69
8	S2A MSI	2016–03–25 02：46：49	85	1.27	30	S2A MSI	2016–12–07 02：34：53	0	2.4
9	S2A MSI	2016–04–11 02：36：00	100	1.19	31	S2A MSI	2016–12–10 02：41：08	89	4.66
10	S2A MSI	2016–05–21 02：36：55	100	2.94	32	S2A MSI	2016–12–20 02：46：22	85	1.61
11	S2A MSI	2016–07–13 02：47：21	100	2.94	33	S2A MSI	2016–12–27 02：35：20	96	3.97
12	S2A MSI	2016–07–20 02：36：42	47	2.81	34	S2A MSI	2016–12–30 02：45：25	60	2.33
13	S2A MSI	2016–08–02 02：44：53	49	3.93	35	S2A MSI	2017–01–06 02：35：59	100	2.84
14	S2A MSI	2016–08–09 02：34：11	5	1.54	36	S2A MSI	2017–01–16 02：34：25	40	0.93
15	S2A MSI	2016–08–22 02：47：15	13	1.41	37	S2A MSI	2017–01–19 02：43：15	100	1.62
16	S2A MSI	2016–08–29 02：36：39	28	5.21	38	S2A MSI	2017–01–29 02：43：17	97	1.73
17	S2A MSI	2016–09–11 02：47：11	100	3.38	39	S2A MSI	2017–02–05 02：32：24	79	3.27
18	S2A MSI	2016–09–18 02：36：44	31	2.18	40	S2A MSI	2017–02–08 02：41：10	100	4.87
19	S2A MSI	2016–10–01 02：44：52	98	2.84	41	S2A MSI	2017–02–15 02：34：09	0	0.87
20	S2A MSI	2016–10–08 02：36：58	39	1.85	42	S2A MSI	2017–02–28 02：46：41	0	1.7
21	S2A MSI	2016–10–21 02：46：03	95	1.7	43	S2A MSI	2017–03–07 02：35：16	1	3.74
22	S2A MSI	2016–10–28 02：36：08	100	4.85	44	S2A MSI	2017–03–20 02：45：53	100	1.81

续表

序号	传感器类型	成像时间	云量/（%）	潮高/m	序号	传感器类型	成像时间	云量/（%）	潮高/m
45	S2A MSI	2017–03–27 02:32:41	0	3.73	76	S2A MSI	2017–11–22 02:32:15	19	1.5
46	S2A MSI	2017–04–09 02:45:59	100	4.53	77	S2B MSI	2017–11–27 02:30:22	0	2.69
47	S2A MSI	2017–04–16 02:35:23	89	1.11	78	S2B MSI	2017–11–30 02:43:04	96	4.79
48	S2A MSI	2017–04–29 02:46:03	0	1.27	79	S2A MSI	2017–12–05 02:43:24	12	2.15
49	S2A MSI	2017–05–06 02:35:26	98	4.81	80	S2B MSI	2017–12–07 02:32:52	0	1.4
50	S2A MSI	2017–05–19 02:46:04	82	2.49	81	S2B MSI	2017–12–10 02:40:59	0	2.18
51	S2A MSI	2017–05–26 02:35:26	0	2.85	82	S2A MSI	2017–12–12 02:33:08	10	3.68
52	S2A MSI	2017–06–08 02:46:03	9	3.42	83	S2B MSI	2017–12–17 02:31:03	50	3.56
53	S2A MSI	2017–06–15 02:35:12	100	1.3	84	S2B MSI	2017–12–20 02:43:37	0	1.8
54	S2A MSI	2017–06–28 02:45:59	99	1.44	85	S2A MSI	2017–12–25 02:43:43	0	1.56
55	S2A MSI	2017–07–05 02:35:22	52	4.58	86	S2B MSI	2017–12–30 02:45:53	100	4.91
56	S2A MSI	2017–07–18 02:46:02	95	3.69	87	S2A MSI	2018–01–01 02:33:08	9	3.78
57	S2A MSI	2017–07–25 02:35:24	0	1.72	88	S2B MSI	2018–01–06 02:38:10	66	1.28
58	S2A MSI	2017–08–07 02:46:03	86	3.25	89	S2B MSI	2018–01–09 02:43:20	0	2.6
59	S2A MSI	2017–08–14 02:35:24	31	2.05	90	S2A MSI	2018–01–14 02:43:07	0	3.85
60	S2A MSI	2017–08–27 02:46:02	42	1.4	91	S2B MSI	2018–01–19 02:48:22	100	1.4
61	S2A MSI	2017–09–03 02:35:22	60	4.56	92	S2A MSI	2018–01–21 02:37:09	16	1.08
62	S2A MSI	2017–09–16 02:45:58	9	4.83	93	S2B MSI	2018–01–26 02:29:48	91	3.74
63	S2A MSI	2017–09–23 02:35:19	72	1.41	94	S2B MSI	2018–01–29 02:42:06	1	4.44
64	S2A MSI	2017–10–06 02:46:02	7	3.21	95	S2A MSI	2018–02–03 02:41:42	47	0.99
65	S2A MSI	2017–10–13 02:33:31	70	3.07	96	S2B MSI	2018–02–05 02:38:30	0	1.21
66	S2B MSI	2017–10–21 02:47:23	6	2.08	97	S2B MSI	2018–02–08 02:43:34	6	2.68
67	S2A MSI	2017–10–26 02:48:14	50	1.59	98	S2A MSI	2018–02–10 02:35:27	32	3.74
68	S2B MSI	2017–10–28 02:37:30	0	2.47	99	S2A MSI	2018–02–13 02:46:45	0	3.55
69	S2B MSI	2017–10–31 02:47:44	6	4.55	100	S2B MSI	2018–02–15 02:38:14	100	2.51
70	S2A MSI	2017–11–02 02:38:13	76	5.14	101	S2B MSI	2018–02–18 02:47:52	99	1.15
71	S2B MSI	2017–11–07 02:28:53	100	1.61	102	S2A MSI	2018–02–20 02:27:25	39	1.19
72	S2B MSI	2017–11–10 02:41:40	15	2.09	103	S2A MSI	2018–02–23 02:47:22	0	2.72
73	S2A MSI	2017–11–15 02:42:15	0	5.16	104	S2B MSI	2018–02–25 02:33:43	0	4.1
74	S2B MSI	2017–11–17 02:31:45	100	4.21	105	S2B MSI	2018–02–28 02:42:59	96	4.02
75	S2B MSI	2017–11–20 02:42:23	65	2.01	106	S2A MSI	2018–03–02 02:37:27	100	2.15

序号	传感器类型	成像时间	云量/（%）	潮高/m	序号	传感器类型	成像时间	云量/（%）	潮高/m
107	S2A MSI	2018-03-05 02:41:41	89	0.93	138	S2A MSI	2018-05-21 02:31:16	100	2.27
108	S2B MSI	2018-03-07 02:35:59	100	1.3	139	S2A MSI	2018-05-24 02:44:33	53	4.53
109	S2B MSI	2018-03-10 02:47:51	11	2.74	140	S2B MSI	2018-05-26 02:37:48	100	4.88
110	S2A MSI	2018-03-12 02:36:56	0	3.75	141	S2B MSI	2018-05-29 02:46:42	45	2.58
111	S2A MSI	2018-03-15 02:47:56	100	3.58	142	S2A MSI	2018-05-31 02:38:17	100	1.57
112	S2B MSI	2018-03-17 02:31:17	20	2.44	143	S2A MSI	2018-06-03 02:45:34	0	1.32
113	S2B MSI	2018-03-20 02:43:35	100	1.13	144	S2B MSI	2018-06-05 02:34:54	100	1.77
114	S2A MSI	2018-03-22 02:32:24	2	1.46	145	S2B MSI	2018-06-08 02:41:18	85	3.64
115	S2A MSI	2018-03-25 02:45:43	80	3.26	146	S2A MSI	2018-06-10 02:31:14	22	4.56
116	S2B MSI	2018-03-27 02:36:01	2	4.59	147	S2A MSI	2018-06-13 02:42:56	14	3.32
117	S2B MSI	2018-03-30 02:43:37	100	3.61	148	S2B MSI	2018-06-15 02:34:55	10	1.94
118	S2A MSI	2018-04-01 02:25:48	0	1.78	149	S2B MSI	2018-06-18 02:45:13	100	1.75
119	S2A MSI	2018-04-04 02:41:31	100	1.05	150	S2A MSI	2018-06-20 02:37:04	15	2.67
120	S2B MSI	2018-04-06 02:37:33	0	1.42	151	S2A MSI	2018-06-23 02:44:31	0	4.69
121	S2B MSI	2018-04-09 02:45:20	0	2.91	152	S2B MSI	2018-06-25 02:33:23	22	4.39
122	S2A MSI	2018-04-11 02:31:25	100	3.99	153	S2B MSI	2018-06-28 02:46:44	100	2.23
123	S2A MSI	2018-04-14 02:43:09	100	3.79	154	S2A MSI	2018-06-30 02:38:17	22	1.63
124	S2B MSI	2018-04-16 02:37:34	100	2.36	155	S2A MSI	2018-07-03 02:41:21	27	1.41
125	S2B MSI	2018-04-19 02:47:52	0	1.28	156	S2B MSI	2018-07-05 02:33:15	23	2.03
126	S2A MSI	2018-04-21 02:36:58	62	1.81	157	S2B MSI	2018-07-08 02:41:19	100	4
127	S2A MSI	2018-04-24 02:45:47	100	3.96	158	S2A MSI	2018-07-10 02:31:15	11	4.6
128	S2B MSI	2018-04-26 02:33:12	61	4.96	159	S2A MSI	2018-07-13 02:41:22	0	2.83
129	S2B MSI	2018-04-29 02:43:40	57	4.09	160	S2B MSI	2018-07-15 02:31:12	2	1.69
130	S2A MSI	2018-05-01 02:36:55	100	1.62	161	S2B MSI	2018-07-18 02:41:18	1	1.84
131	S2A MSI	2018-05-04 02:44:34	6	1.2	162	S2A MSI	2018-07-20 02:31:15	0	2.89
132	S2B MSI	2018-05-06 02:37:35	100	1.57	163	S2A MSI	2018-07-23 02:44:32	39	4.55
133	S2B MSI	2018-05-09 02:41:30	79	3.25	164	S2B MSI	2018-07-25 02:35:30	5	3.91
134	S2A MSI	2018-05-11 02:31:17	53	4.35	165	S2B MSI	2018-07-28 02:46:45	1	2.2
135	S2A MSI	2018-05-14 02:41:23	15	3.7	166	S2A MSI	2018-07-30 02:38:17	0	1.64
136	S2B MSI	2018-05-16 02:34:55	1	2.16	167	S2A MSI	2018-08-02 02:41:21	5	1.52
137	S2B MSI	2018-05-19 02:45:02	100	1.52	168	S2B MSI	2018-08-04 02:33:59	0	2.44

续表

序号	传感器类型	成像时间	云量/（%）	潮高/m	序号	传感器类型	成像时间	云量/（%）	潮高/m
169	S2A MSI	2018–08–09 02：31：24	6	4.61	200	S2B MSI	2018–11–02 02：37：54	18	4.2
170	S2B MSI	2018–08–14 02：31：08	7	1.46	201	S2B MSI	2018–11–05 02：44：39	18	4.96
171	S2B MSI	2018–08–17 02：44：21	100	1.88	202	S2A MSI	2018–11–07 02：37：30	100	3.55
172	S2A MSI	2018–08–19 02：31：23	1	3.1	203	S2A MSI	2018–11–10 02：48：03	6	1.71
173	S2A MSI	2018–08–22 02：44：41	24	4.46	204	S2B MSI	2018–11–12 02：35：03	19	1.47
174	S2B MSI	2018–08–24 02：34：35	3	3.77	205	S2B MSI	2018–11–15 02：39：47	99	2.32
175	S2B MSI	2018–08–27 02：45：52	65	2.28	206	S2A MSI	2018–11–17 02：29：48	36	3.52
176	S2A MSI	2018–08–29 02：38：26	0	1.61	207	S2A MSI	2018–11–20 02：40：04	0	4.64
177	S2A MSI	2018–09–01 02：41：19	45	1.83	208	S2B MSI	2018–11–22 02：36：13	38	4.06
178	S2B MSI	2018–09–03 02：37：42	2	3.04	209	S2B MSI	2018–11–22 02：38：26	13	4.06
179	S2B MSI	2018–09–06 02：41：11	94	4.9	210	S2B MSI	2018–11–25 02：48：02	23	1.99
180	S2A MSI	2018–09–08 02：31：21	2	4.47	211	S2A MSI	2018–11–27 02：30：25	20	1.68
181	S2A MSI	2018–09–11 02：41：17	75	1.99	212	S2A MSI	2018–11–30 02：40：38	83	3.05
182	S2B MSI	2018–09–13 02：30：14	22	1.37	213	S2B MSI	2018–12–02 02：30：43	18	4.43
183	S2B MSI	2018–09–16 02：45：06	26	2.07	214	S2B MSI	2018–12–05 02：46：38	99	4.47
184	S2A MSI	2018–09–18 02：31：20	19	3.39	215	S2A MSI	2018–12–07 02：30：52	100	2.91
185	S2A MSI	2018–09–21 02：44：37	99	4.48	216	S2A MSI	2018–12–10 02：41：02	100	1.52
186	S2B MSI	2018–09–23 02：34：11	22	3.91	217	S2B MSI	2018–12–12 02：36：38	15	1.33
187	S2B MSI	2018–09–26 02：40：41	16	2.34	218	S2B MSI	2018–12–15 02：41：11	100	2.33
188	S2A MSI	2018–09–28 02：38：23	2	1.63	219	S2A MSI	2018–12–17 02：31：07	0	3.6
189	S2A MSI	2018–10–01 02：41：28	6	2.32	220	S2B MSI	2018–12–25 02：48：05	100	1.46
190	S2B MSI	2018–10–03 02：36：59	0	3.69	221	S2A MSI	2018–12–27 02：31：10	100	1.57
191	S2A MSI	2018–10–08 02：31：31	2	4.07	222	S2A MSI	2018–12–30 02：41：13	95	3.24
192	S2A MSI	2018–10–11 02：42：03	25	1.8	223	S2B MSI	2019–01–01 02：31：09	30	4.34
193	S2B MSI	2018–10–16 02：46：16	5	2.29	224	S2B MSI	2019–01–04 02：46：53	98	4.26
194	S2A MSI	2018–10–18 02：32：28	4	3.54	225	S2A MSI	2019–01–06 02：36：24	100	2.51
195	S2A MSI	2018–10–21 02：46：09	4	4.54	226	S2A MSI	2019–01–09 02：42：38	88	1.23
196	S2B MSI	2018–10–23 02：35：23	0	4.12	227	S2A MSI	2019–01–09 02：48：21	87	1.23
197	S2B MSI	2018–10–26 02：43：01	73	2.28	228	S2B MSI	2019–01–11 02：36：26	95	1.08
198	S2A MSI	2018–10–28 02：28：06	0	1.69	229	S2B MSI	2019–01–14 02：40：47	67	2.17
199	S2A MSI	2018–10–31 02：43：59	2	2.76	230	S2A MSI	2019–01–16 02：35：58	38	3.61

续表

序号	传感器类型	成像时间	云量/（%）	潮高/m	序号	传感器类型	成像时间	云量/（%）	潮高/m
231	S2A MSI	2019-01-19 02:40:24	96	4.69	262	S2A MSI	2019-04-06 02:34:51	0	1.92
232	S2B MSI	2019-01-21 02:30:18	59	3.06	263	S2A MSI	2019-04-09 02:39:41	100	1.07
233	S2B MSI	2019-01-24 02:47:33	0	0.99	264	S2B MSI	2019-04-11 02:38:27	100	1.46
234	S2A MSI	2019-01-26 02:29:53	41	1.32	265	S2B MSI	2019-04-14 02:47:29	96	3.73
235	S2A MSI	2019-01-29 02:45:15	25	3.09	266	S2A MSI	2019-04-16 02:25:52	97	5.03
236	S2B MSI	2019-01-31 02:29:32	85	4.33	267	S2B MSI	2019-04-21 02:38:29	100	1.37
237	S2B MSI	2019-02-03 02:45:03	100	3.48	268	S2B MSI	2019-04-24 02:47:31	96	1.16
238	S2A MSI	2019-02-05 02:34:27	20	1.95	269	S2A MSI	2019-04-26 02:38:27	100	1.75
239	S2A MSI	2019-02-08 02:44:20	100	1.02	270	S2A MSI	2019-04-29 02:42:54	100	3.73
240	S2B MSI	2019-02-10 02:34:00	100	1.06	271	S2B MSI	2019-05-04 02:42:26	64	3.34
241	S2B MSI	2019-02-13 02:44:03	37	2.54	272	S2A MSI	2019-05-06 02:34:07	100	1.83
242	S2A MSI	2019-02-15 02:33:25	100	3.91	273	S2B MSI	2019-05-11 02:38:06	86	1.97
243	S2A MSI	2019-02-18 02:46:27	93	4.31	274	S2A MSI	2019-05-16 02:36:42	94	5.34
244	S2B MSI	2019-02-20 02:37:13	88	2.09	275	S2A MSI	2019-05-19 02:44:42	100	2.63
245	S2B MSI	2019-02-23 02:43:50	98	0.93	276	S2B MSI	2019-05-24 02:47:33	27	1.33
246	S2A MSI	2019-02-25 02:26:51	25	1.41	277	S2A MSI	2019-05-26 02:38:26	100	2.01
247	S2A MSI	2019-02-28 02:45:17	100	3.28	278	S2A MSI	2019-05-29 02:43:36	0	3.87
248	S2B MSI	2019-03-02 02:38:10	100	4.26	279	S2B MSI	2019-06-13 02:46:42	100	4.93
249	S2B MSI	2019-03-05 02:43:56	100	3.11	280	S2A MSI	2019-06-18 02:44:42	100	2.01
250	S2A MSI	2019-03-07 02:38:10	0	1.86	281	S2B MSI	2019-06-20 02:38:31	100	1.36
251	S2A MSI	2019-03-10 02:41:55	87	1	282	S2A MSI	2019-06-25 02:38:27	59	2.2
252	S2B MSI	2019-03-12 02:31:21	0	1.2	283	S2A MSI	2019-07-28 02:43:38	65	4.19
253	S2B MSI	2019-03-15 02:47:04	0	3	284	S2B MSI	2019-07-30 02:37:01	28	4.6
254	S2A MSI	2019-03-17 02:31:11	0	4.4	285	S2A MSI	2019-08-07 02:39:44	7	1.97
255	S2A MSI	2019-03-20 02:44:29	21	3.86	286	S2B MSI	2019-08-12 02:47:31	17	4.92
256	S2B MSI	2019-03-22 02:36:09	1	1.58	287	S2A MSI	2019-08-17 02:44:42	7	1.75
257	S2B MSI	2019-03-25 02:41:32	60	1.04	288	S2B MSI	2019-08-19 02:38:29	1	1.44
258	S2A MSI	2019-03-27 02:38:15	40	1.55	289	S2B MSI	2019-08-22 02:47:30	8	1.63
259	S2A MSI	2019-03-30 02:44:31	36	3.49	290	S2A MSI	2019-08-27 02:42:52	100	4.78
260	S2B MSI	2019-04-01 02:37:53	0	4.28	291	S2B MSI	2019-08-29 02:38:16	100	4.65
261	S2B MSI	2019-04-04 02:45:39	88	3.23	292	S2B MSI	2019-09-01 02:42:22	99	1.8

续表

序号	传感器类型	成像时间	云量/（%）	潮高/m	序号	传感器类型	成像时间	云量/（%）	潮高/m
293	S2A MSI	2019-09-06 02:41:05	98	2.15	324	S2A MSI	2020-01-04 02:44:29	48	2.6
294	S2A MSI	2019-09-13 02:25:48	4	3.42	325	S2A MSI	2020-01-11 02:30:47	100	2.66
295	S2A MSI	2019-09-16 02:44:38	8	1.84	326	S2A MSI	2020-01-14 02:40:42	24	1.07
296	S2B MSI	2019-09-21 02:44:35	66	2.03	327	S2A MSI	2020-01-21 02:30:13	0	4.96
297	S2A MSI	2019-09-26 02:44:39	80	5.29	328	S2A MSI	2020-01-24 02:47:49	100	3.75
298	S2B MSI	2019-10-01 02:41:32	100	1.59	329	S2B MSI	2020-01-26 02:29:50	100	1.46
299	S2A MSI	2019-10-06 02:39:45	1	2.55	330	S2B MSI	2020-01-29 02:47:42	7	0.95
300	S2A MSI	2019-10-13 02:26:34	61	3.49	331	S2A MSI	2020-01-31 02:29:25	6	1.3
301	S2B MSI	2019-10-18 02:38:23	19	1.56	332	S2A MSI	2020-02-03 02:44:59	0	2.65
302	S2A MSI	2019-10-23 02:37:35	99	4.08	333	S2B MSI	2020-02-05 02:28:59	78	3.95
303	S2A MSI	2019-10-26 02:45:04	100	5.39	334	S2B MSI	2020-02-08 02:38:46	87	3.8
304	S2B MSI	2019-10-28 02:28:08	10	3.83	335	S2A MSI	2020-02-10 02:28:29	25	1.71
305	S2A MSI	2019-11-02 02:38:03	15	1.48	336	S2A MSI	2020-02-13 02:47:05	100	0.96
306	S2A MSI	2019-11-05 02:45:48	5	2.81	337	S2B MSI	2020-02-18 02:37:46	0	3.75
307	S2B MSI	2019-11-10 02:39:23	5	4.43	338	S2A MSI	2020-02-20 02:27:26	0	4.75
308	S2A MSI	2019-11-12 02:29:31	100	3.69	339	S2A MSI	2020-02-23 02:44:12	0	1.83
309	S2A MSI	2019-11-15 02:39:50	0	1.86	340	S2B MSI	2020-02-25 02:38:12	100	1.22
310	S2B MSI	2019-11-17 02:29:51	95	1.59	341	S2A MSI	2020-03-01 02:35:02	99	1.39
311	S2B MSI	2019-11-20 02:40:08	1	3.01	342	S2A MSI	2020-03-04 02:41:18	15	2.96
312	S2A MSI	2019-11-22 02:30:15	56	4.47	343	S2B MSI	2020-03-09 02:47:22	100	3.26
313	S2A MSI	2019-11-25 02:48:12	100	5.07	344	S2A MSI	2020-03-14 02:44:35	0	1.1
314	S2B MSI	2019-11-30 02:44:04	100	1.45	345	S2B MSI	2020-03-19 02:47:22	75	4.06
315	S2A MSI	2019-12-02 02:36:12	25	1.42	346	S2A MSI	2020-03-21 02:38:19	0	4.4
316	S2A MSI	2019-12-05 02:40:57	10	2.75	347	S2B MSI	2020-03-26 02:37:12	100	1.36
317	S2B MSI	2019-12-07 02:30:54	7	3.9	348	S2B MSI	2020-03-29 02:43:24	100	1.09
318	S2B MSI	2019-12-10 02:41:04	4	4.45	349	S2A MSI	2020-03-31 02:35:08	0	1.5
319	S2A MSI	2019-12-12 02:31:06	0	3.49	350	S2A MSI	2020-04-03 02:39:35	0	3.71
320	S2A MSI	2019-12-15 02:41:13	52	1.44	351	S2A MSI	2020-04-10 02:25:47	9	1.26
321	S2A MSI	2019-12-22 02:31:12	100	4.65	352	S2A MSI	2020-04-13 02:44:37	0	1.27
322	S2A MSI	2019-12-25 02:48:19	96	4.3	353	S2B MSI	2020-04-18 02:47:19	80	4.4
323	S2B MSI	2019-12-27 02:31:12	2	2.28	354	S2A MSI	2020-04-20 02:38:24	19	4.31

续表

序号	传感器类型	成像时间	云量/（%）	潮高/m	序号	传感器类型	成像时间	云量/（%）	潮高/m
355	S2A MSI	2020-04-23 02:43:57	0	2.59	386	S2A MSI	2020-09-20 02:43:38	0	1.49
356	S2B MSI	2020-04-25 02:38:18	0	1.55	387	S2B MSI	2020-09-22 02:25:51	42	1.55
357	S2A MSI	2020-05-03 02:41:24	30	4.43	388	S2B MSI	2020-09-25 02:44:20	54	2.92
358	S2B MSI	2020-05-05 02:37:55	100	4.67	389	S2A MSI	2020-09-27 02:35:25	8	4.8
359	S2B MSI	2020-05-08 02:47:22	100	2.38	390	S2A MSI	2020-09-30 02:39:09	20	4.27
360	S2A MSI	2020-05-10 02:25:54	46	1.25	391	S2B MSI	2020-10-02 02:38:33	9	2.6
361	S2B MSI	2020-05-15 02:38:22	100	2.73	392	S2B MSI	2020-10-05 02:47:32	21	1.61
362	S2B MSI	2020-05-18 02:47:24	70	4.75	393	S2A MSI	2020-10-07 02:32:09	70	1.53
363	S2A MSI	2020-05-23 02:43:32	2	2.37	394	S2A MSI	2020-10-10 02:42:05	5	2.63
364	S2B MSI	2020-05-25 02:38:24	100	1.41	395	S2B MSI	2020-10-12 02:26:32	26	4.22
365	S2A MSI	2020-05-30 02:35:18	100	2.73	396	S2B MSI	2020-10-15 02:48:37	93	5.21
366	S2A MSI	2020-06-02 02:40:00	0	5.04	397	S2A MSI	2020-10-17 02:34:25	5	3.48
367	S2B MSI	2020-06-07 02:47:26	18	1.98	398	S2A MSI	2020-10-20 02:37:31	73	1.57
368	S2A MSI	2020-06-09 02:25:55	100	1.33	399	S2B MSI	2020-10-22 02:27:38	61	1.72
369	S2A MSI	2020-06-12 02:44:45	100	1.71	400	S2B MSI	2020-10-25 02:46:30	38	3.63
370	S2A MSI	2020-06-19 02:38:29	31	3.91	401	S2A MSI	2020-10-27 02:28:11	43	4.89
371	S2A MSI	2020-06-22 02:48:32	85	2.51	402	S2A MSI	2020-10-30 02:38:33	0	3.9
372	S2B MSI	2020-06-24 02:38:25	26	1.41	403	S2B MSI	2020-11-01 02:28:37	95	2.74
373	S2A MSI	2020-06-29 02:35:17	100	3.06	404	S2B MSI	2020-11-04 02:41:51	0	1.79
374	S2B MSI	2020-07-04 02:38:00	74	4.26	405	S2A MSI	2020-11-06 02:29:08	85	1.61
375	S2A MSI	2020-07-12 02:44:43	100	1.5	406	S2A MSI	2020-11-09 02:45:39	0	3.09
376	S2B MSI	2020-07-17 02:47:26	47	4.13	407	S2B MSI	2020-11-11 02:29:30	0	4.63
377	S2A MSI	2020-07-19 02:38:28	100	4.02	408	S2B MSI	2020-11-14 02:39:47	4	4.96
378	S2B MSI	2020-08-06 02:46:48	92	1.46	409	S2A MSI	2020-11-16 02:29:55	0	2.99
379	S2A MSI	2020-08-21 02:42:56	21	1.63	410	S2A MSI	2020-11-19 02:40:12	93	1.54
380	S2B MSI	2020-09-02 02:25:52	61	2.89	411	S2B MSI	2020-11-21 02:30:13	98	1.77
381	S2B MSI	2020-09-05 02:47:31	0	1.46	412	S2B MSI	2020-11-24 02:40:27	94	3.72
382	S2A MSI	2020-09-10 02:44:50	100	2.16	413	S2A MSI	2020-11-26 02:30:33	100	4.54
383	S2B MSI	2020-09-12 02:25:51	91	3.54	414	S2A MSI	2020-11-29 02:40:45	49	3.82
384	S2B MSI	2020-09-15 02:47:30	100	5.23	415	S2B MSI	2020-12-01 02:30:46	12	2.83
385	S2A MSI	2020-09-17 02:25:54	100	3.88	416	S2B MSI	2020-12-04 02:40:57	48	1.48

续表

序号	传感器类型	成像时间	云量/（%）	潮高/m	序号	传感器类型	成像时间	云量/（%）	潮高/m
417	S2A MSI	2020−12−06 02：30：57	100	1.6	423	S2B MSI	2020−12−21 02：31：13	13	1.71
418	S2A MSI	2020−12−09 02：48：04	100	3.57	424	S2B MSI	2020−12−24 02：45：28	0	3.53
419	S2B MSI	2020−12−11 02：31：06	100	4.82	425	S2A MSI	2020−12−26 02：31：17	30	4.2
420	S2B MSI	2020−12−14 02：46：24	86	4.29	426	S2A MSI	2020−12−29 02：41：19	100	3.66
421	S2A MSI	2020−12−16 02：38：29	58	2.22	427	S2B MSI	2020−12−31 02：31：11	69	2.3
422	S2A MSI	2020−12−19 02：41：20	2	1.29					

附表 2　江苏中部沿海 2013—2020 年 Landsat−8 OLI 影像云覆盖与潮位

序号	传感器类型	成像时间	云量/（%）	潮高/m	序号	传感器类型	成像时间	云量/（%）	潮高/m
1	LC8 OLI	2013−03−25 02：29：44	2	4.38	23	LC8 OLI	2014−06−20 02：30：14	100	2.69
2	LC8 OLI	2013−04−14 02：32：21	4	1.07	24	LC8 OLI	2014−07−06 02：30：20	99	2.69
3	LC8 OLI	2013−06−01 02：32：35	100	2.61	25	LC8 OLI	2014−07−22 02：30：24	87	4.51
4	LC8 OLI	2013−06−17 02：32：29	43	2.65	26	LC8 OLI	2014−08−07 02：30：32	29	4.65
5	LC8 OLI	2013−07−03 02：32：30	98	4.3	27	LC8 OLI	2014−08−23 02：30：36	99	4.39
6	LC8 OLI	2013−07−19 02：32：29	51	4.61	28	LC8 OLI	2014−09−08 02：30：39	45	4.8
7	LC8 OLI	2013−08−04 02：32：32	70	4.29	29	LC8 OLI	2014−09−24 02：30：36	53	3.32
8	LC8 OLI	2013−08−20 02：32：33	61	4.61	30	LC8 OLI	2014−10−10 02：30：43	21	2.1
9	LC8 OLI	2013−10−23 02：32：18	2	1.44	31	LC8 OLI	2014−10−26 02：30：43	1	2.04
10	LC8 OLI	2013−11−08 02：32：16	11	1.65	32	LC8 OLI	2014−11−11 02：30：45	71	1.35
11	LC8 OLI	2013−12−10 02：32：07	4	2.61	33	LC8 OLI	2014−11−27 02：30：43	66	1.5
12	LC8 OLI	2013−12−26 02：31：57	93	2.7	34	LC8 OLI	2014−12−13 02：30：36	46	1.48
13	LC8 OLI	2014−01−11 02：31：46	67	4.19	35	LC8 OLI	2014−12−29 02：30：34	1	2.6
14	LC8 OLI	2014−01−27 02：31：38	14	4.25	36	LC8 OLI	2015−01−14 02：30：33	100	2.96
15	LC8 OLI	2014−02−12 02：31：23	45	4.03	37	LC8 OLI	2015−01−30 02：30：28	72	4.48
16	LC8 OLI	2014−02−28 02：31：11	93	4.29	38	LC8 OLI	2015−02−15 02：30：19	99	4.25
17	LC8 OLI	2014−03−16 02：31：01	0	2.88	39	LC8 OLI	2015−03−03 02：30：16	90	3.5
18	LC8 OLI	2014−04−01 02：30：44	15	1.57	40	LC8 OLI	2015−03−19 02：30：06	44	3.5
19	LC8 OLI	2014−04−17 02：30：26	99	1.39	41	LC8 OLI	2015−04−04 02：29：54	100	1.74
20	LC8 OLI	2014−05−03 02：30：13	25	1.14	42	LC8 OLI	2015−04−20 02：29：53	40	1.02
21	LC8 OLI	2014−05−19 02：30：02	94	1.46	43	LC8 OLI	2015−05−06 02：29：39	99	1.06
22	LC8 OLI	2014−06−04 02：30：09	98	1.45	44	LC8 OLI	2015−05−22 02：29：34	78	1.33

序号	传感器类型	成像时间	云量/（%）	潮高/m	序号	传感器类型	成像时间	云量/（%）	潮高/m
45	LC8 OLI	2015–06–07 02：29：43	100	1.65	77	LC8 OLI	2016–10–31 02：30：52	100	2.73
46	LC8 OLI	2015–06–23 02：29：50	100	1.94	78	LC8 OLI	2016–11–16 02：30：51	35	2.2
47	LC8 OLI	2015–07–09 02：30：01	99	3.15	79	LC8 OLI	2016–12–02 02：30：51	24	1.72
48	LC8 OLI	2015–07–25 02：30：07	88	3.1	80	LC8 OLI	2016–12–18 02：30：46	31	1.21
49	LC8 OLI	2015–08–10 02：30：11	99	4.83	81	LC8 OLI	2017–01–03 02：30：43	69	1.15
50	LC8 OLI	2015–08–26 02：30：18	18	4.68	82	LC8 OLI	2017–01–19 02：30：39	99	1.62
51	LC8 OLI	2015–09–11 02：30：25	98	3.86	83	LC8 OLI	2017–02–04 02：30：32	100	2.46
52	LC8 OLI	2015–09–27 02：30：31	22	3.98	84	LC8 OLI	2017–02–20 02：30：26	98	2.77
53	LC8 OLI	2015–10–13 02：30：32	0	2.15	85	LC8 OLI	2017–03–08 02：30：19	0	4.4
54	LC8 OLI	2015–10–29 02：30：37	99	1.44	86	LC8 OLI	2017–03–24 02：30：08	100	4.19
55	LC8 OLI	2015–11–14 02：30：37	67	1.46	87	LC8 OLI	2017–04–09 02：30：02	99	4.53
56	LC8 OLI	2015–11–30 02：30：40	6	1.39	88	LC8 OLI	2017–04–25 02：29：52	100	4.43
57	LC8 OLI	2015–12–16 02：30：39	7	1.54	89	LC8 OLI	2017–05–11 02：29：54	100	2.14
58	LC8 OLI	2016–01–01 02：30：37	2	2.01	90	LC8 OLI	2017–05–27 02：30：05	40	1.9
59	LC8 OLI	2016–01–17 02：30：36	60	2.55	91	LC8 OLI	2017–06–12 02：30：12	87	1.43
60	LC8 OLI	2016–02–02 02：30：34	22	2.62	92	LC8 OLI	2017–06–28 02：30：17	100	1.44
61	LC8 OLI	2016–02–18 02：30：25	0	4.37	93	LC8 OLI	2017–07–14 02：30：20	78	1.37
62	LC8 OLI	2016–03–05 02：30：24	24	4.16	94	LC8 OLI	2017–07–30 02：30：28	37	1.94
63	LC8 OLI	2016–03–21 02：30：18	4	4.32	95	LC8 OLI	2017–08–15 02：30：34	69	2.7
64	LC8 OLI	2016–04–06 02：30：09	100	4.47	96	LC8 OLI	2017–08–31 02：30：37	94	3.41
65	LC8 OLI	2016–04–22 02：30：03	6	2.34	97	LC8 OLI	2017–09–16 02：30：38	32	4.83
66	LC8 OLI	2016–05–08 02：30：06	100	1.82	98	LC8 OLI	2017–10–02 02：30：45	1	4.71
67	LC8 OLI	2016–05–24 02：30：08	66	1.43	99	LC8 OLI	2017–10–18 02：30：49	100	4.88
68	LC8 OLI	2016–06–09 02：30：12	69	1.33	100	LC8 OLI	2017–11–03 02：30：49	51	4.77
69	LC8 OLI	2016–06–25 02：30：18	65	1.4	101	LC8 OLI	2017–11–19 02：30：45	72	2.54
70	LC8 OLI	2016–07–11 02：30：27	19	1.8	102	LC8 OLI	2017–12–05 02：30：40	3	2.15
71	LC8 OLI	2016–07–27 02：30：31	42	2.73	103	LC8 OLI	2017–12–21 02：30：43	6	1.47
72	LC8 OLI	2016–08–12 02：30：33	14	3.02	104	LC8 OLI	2018–01–06 02：30：38	58	1.28
73	LC8 OLI	2016–08–28 02：30：41	5	4.78	105	LC8 OLI	2018–01–22 02：30：30	6	1.24
74	LC8 OLI	2016–09–13 02：30：45	59	4.7	106	LC8 OLI	2018–02–07 02：30：22	6	2.07
75	LC8 OLI	2016–09–29 02：30：45	99	4.72	107	LC8 OLI	2018–02–23 02：30：16	0	1.65
76	LC8 OLI	2016–10–15 02：30：51	100	4.9	108	LC8 OLI	2018–03–11 02：30：08	41	2.3

续表

序号	传感器类型	成像时间	云量/(%)	潮高/m	序号	传感器类型	成像时间	云量/(%)	潮高/m
109	LC8 OLI	2018-03-27 02:30:00	0	4.59	141	LC8 OLI	2019-08-21 02:30:41	16	1.43
110	LC8 OLI	2018-04-12 02:29:52	99	4.22	142	LC8 OLI	2019-09-06 02:30:44	97	2.15
111	LC8 OLI	2018-04-28 02:29:43	2	4.09	143	LC8 OLI	2019-09-22 02:30:50	66	2.7
112	LC8 OLI	2018-05-14 02:29:33	10	3.7	144	LC8 OLI	2019-10-08 02:30:54	63	4.21
113	LC8 OLI	2018-05-30 02:29:20	71	1.92	145	LC8 OLI	2019-10-24 02:30:55	13	4.78
114	LC8 OLI	2018-06-15 02:29:24	57	1.95	146	LC8 OLI	2019-11-09 02:30:53	1	4.57
115	LC8 OLI	2018-07-01 02:29:34	78	1.47	147	LC8 OLI	2019-11-25 02:30:50	100	5.07
116	LC8 OLI	2018-07-17 02:29:42	52	1.61	148	LC8 OLI	2019-12-11 02:30:49	1	4.15
117	LC8 OLI	2018-08-02 02:29:49	21	1.52	149	LC8 OLI	2019-12-27 02:30:46	41	2.28
118	LC8 OLI	2018-08-18 02:29:58	84	2.4	150	LC8 OLI	2020-01-12 02:30:42	19	1.71
119	LC8 OLI	2018-09-03 02:30:05	70	3.04	151	LC8 OLI	2020-01-28 02:30:38	100	1
120	LC8 OLI	2018-09-19 02:30:09	86	4.02	152	LC8 OLI	2020-02-13 02:30:33	86	1.06
121	LC8 OLI	2018-10-05 02:30:17	65	4.98	153	LC8 OLI	2020-02-29 02:30:29	100	1.16
122	LC8 OLI	2018-10-21 02:30:23	17	4.54	154	LC8 OLI	2020-03-16 02:30:22	47	2.01
123	LC8 OLI	2018-11-06 02:30:27	99	4.39	155	LC8 OLI	2020-04-01 02:30:13	11	2.1
124	LC8 OLI	2018-11-22 02:30:27	6	4.06	156	LC8 OLI	2020-04-17 02:30:06	42	3.89
125	LC8 OLI	2018-12-08 02:30:25	86	2.25	157	LC8 OLI	2020-05-03 02:29:58	39	4.53
126	LC8 OLI	2018-12-24 02:30:24	8	1.93	158	LC8 OLI	2020-05-19 02:29:57	2	4.51
127	LC8 OLI	2019-01-09 02:30:22	100	1.23	159	LC8 OLI	2020-06-04 02:30:03	39	4.89
128	LC8 OLI	2019-01-25 02:30:19	76	1.08	160	LC8 OLI	2020-06-20 02:30:12	62	3.46
129	LC8 OLI	2019-02-10 02:30:16	100	1.06	161	LC8 OLI	2020-07-06 02:30:20	79	2.05
130	LC8 OLI	2019-02-26 02:30:13	67	1.89	162	LC8 OLI	2020-07-22 02:30:25	100	1.94
131	LC8 OLI	2019-03-14 02:30:07	37	2.2	163	LC8 OLI	2020-08-07 02:30:29	100	1.4
132	LC8 OLI	2019-03-30 02:30:04	36	3.49	164	LC8 OLI	2020-08-23 02:30:36	7	1.44
133	LC8 OLI	2019-04-15 02:29:59	12	4.47	165	LC8 OLI	2020-09-08 02:30:43	4	1.52
134	LC8 OLI	2019-05-01 02:29:56	21	4.41	166	LC8 OLI	2020-09-24 02:30:48	20	2.33
135	LC8 OLI	2019-05-17 02:30:06	100	4.91	167	LC8 OLI	2020-10-10 02:30:51	22	2.73
136	LC8 OLI	2019-06-02 02:30:15	40	3.9	168	LC8 OLI	2020-10-26 02:30:51	81	4.43
137	LC8 OLI	2019-06-18 02:30:22	99	2.01	169	LC8 OLI	2020-11-11 02:30:48	3	4.63
138	LC8 OLI	2019-07-04 02:30:26	73	1.93	170	LC8 OLI	2020-11-27 02:30:51	100	4.51
139	LC8 OLI	2019-07-20 02:30:29	69	1.44	171	LC8 OLI	2020-12-13 02:30:52	61	5.03
140	LC8 OLI	2019-08-05 02:30:36	40	1.48	172	LC8 OLI	2020-12-29 02:30:49	100	3.66

附表3 江苏中部沿海 2013—2020 年 GF-1 WFV 影像云覆盖与潮位

序号	传感器类型	成像时间	云量/（%）	潮高/m	序号	传感器类型	成像时间	云量/（%）	潮高/m
1	GF1 WFV2	2013-05-12 10:41:38	42	1.44	29	GF1 WFV4	2014-01-14 11:06:07	2	4.50
2	GF1 WFV2	2013-05-20 10:41:01	5	3.77	30	GF1 WFV3	2014-01-18 11:04:36	10	1.69
3	GF1 WFV4	2013-06-06 11:03:22	30	4.97	31	GF1 WFV3	2014-01-22 11:03:04	0	0.94
4	GF1 WFV4	2013-06-22 11:01:40	33	5.24	32	GF1 WFV3	2014-01-26 11:01:31	0	3.48
5	GF1 WFV4	2013-07-08 10:59:46	18	3.39	33	GF1 WFV2	2014-02-11 10:55:05	41	4.42
6	GF1 WFV3	2013-07-12 10:59:40	2	1.30	34	GF1 WFV2	2014-02-15 10:53:24	0	2.94
7	GF1 WFV3	2013-07-16 10:59:05	16	2.03	35	GF1 WFV4	2014-02-20 11:15:13	0	0.88
8	GF1 WFV3	2013-08-01 10:56:32	45	3.57	36	GF1 WFV1	2014-02-23 10:49:58	12	2.38
9	GF1 WFV2	2013-08-09 10:55:42	0	2.15	37	GF1 WFV1	2014-02-24 11:13:28	0	3.24
10	GF1 WFV2	2013-08-13 10:55:09	2	1.45	38	GF1 WFV1	2014-03-07 10:44:29	11	1.09
11	GF1 WFV3	2013-08-21 10:53:47	29	4.60	39	GF1 WFV3	2014-03-16 11:04:30	0	3.76
12	GF1 WFV4	2013-09-19 11:12:44	17	5.18	40	GF1 WFV3	2014-03-20 11:02:30	23	0.90
13	GF1 WFV4	2013-10-05 11:09:39	6	4.68	41	GF1 WFV4	2014-04-02 11:19:36	1	1.55
14	GF1 WFV4	2013-10-09 11:08:51	0	1.53	42	GF1 WFV1	2014-04-05 10:54:01	16	1.01
15	GF1 WFV4	2013-10-13 11:08:03	0	3.26	43	GF1 WFV4	2014-04-06 11:17:24	1	0.98
16	GF1 WFV2	2013-11-18 11:00:07	0	5.49	44	GF1 WFV1	2014-04-09 10:51:46	31	3.08
17	GF1 WFV3	2013-11-22 10:59:05	21	1.74	45	GF1 WFV4	2014-04-10 11:15:09	48	3.62
18	GF1 WFV3	2013-11-26 10:57:58	0	1.58	46	GF1 WFV4	2014-04-14 11:12:51	0	4.50
19	GF1 WFV2	2013-11-30 10:56:49	0	4.11	47	GF1 WFV3	2014-04-30 11:04:25	0	2.81
20	GF1 WFV2	2013-12-04 10:55:39	25	3.26	48	GF1 WFV2	2014-05-08 11:00:08	1	2.54
21	GF1 WFV3	2013-12-12 10:53:16	0	3.89	49	GF1 WFV2	2014-05-12 10:57:58	9	4.89
22	GF1 WFV4	2013-12-13 11:16:49	0	4.60	50	GF1 WFV1	2014-05-16 10:55:46	13	2.34
23	GF1 WFV2	2013-12-20 10:50:37	38	1.53	51	GF1 WFV1	2014-05-20 10:53:32	40	1.47
24	GF1 WFV2	2013-12-24 10:49:15	1	1.15	52	GF1 WFV4	2014-05-21 11:16:55	6	1.56
25	GF1 WFV4	2013-12-29 11:11:28	0	4.55	53	GF1 WFV3	2014-05-29 11:12:24	9	3.22
26	GF1 WFV4	2014-01-02 11:10:02	0	3.58	54	GF1 WFV3	2014-06-06 11:08:18	38	1.93
27	GF1 WFV4	2014-01-06 11:08:37	2	0.96	55	GF1 WFV2	2014-06-14 11:03:42	20	2.87
28	GF1 WFV4	2014-01-10 11:07:09	0	3.16	56	GF1 WFV4	2014-06-27 11:20:05	38	4.25

序号	传感器类型	成像时间	云量/（%）	潮高/m	序号	传感器类型	成像时间	云量/（%）	潮高/m
57	GF1 WFV3	2014-07-21 11:07:14	2	3.44	85	GF1 WFV4	2014-12-24 11:17:04	0	2.53
58	GF1 WFV1	2014-08-06 10:58:11	33	3.77	86	GF1 WFV3	2014-12-28 11:14:45	3	1.38
59	GF1 WFV1	2014-08-10 10:55:56	89	5.18	87	GF1 WFV3	2015-01-01 11:12:26	5	4.58
60	GF1 WFV2	2014-09-04 11:06:17	22	3.70	88	GF1 WFV2	2015-01-09 11:07:45	0	0.92
61	GF1 WFV2	2014-09-08 11:03:59	33	5.73	89	GF1 WFV4	2015-01-18 11:26:32	19	4.86
62	GF1 WFV1	2014-09-20 10:57:20	33	4.80	90	GF1 WFV1	2015-01-21 11:00:58	19	3.17
63	GF1 WFV4	2014-09-21 11:20:44	6	5.02	91	GF1 WFV3	2015-02-07 11:15:55	6	0.97
64	GF1 WFV1	2014-09-24 10:55:09	40	4.19	92	GF1 WFV3	2015-02-11 11:13:36	0	1.28
65	GF1 WFV4	2014-09-25 11:18:34	24	3.57	93	GF1 WFV2	2015-02-19 11:08:53	0	3.72
66	GF1 WFV3	2014-10-03 11:14:25	10	3.43	94	GF1 WFV4	2015-02-24 11:29:49	13	1.01
67	GF1 WFV3	2014-10-07 11:12:06	10	6.02	95	GF1 WFV1	2015-03-07 10:59:45	14	1.91
68	GF1 WFV2	2014-10-15 11:07:37	0	1.08	96	GF1 WFV1	2015-03-11 10:57:31	0	0.88
69	GF1 WFV2	2014-10-19 11:05:29	14	4.26	97	GF1 WFV4	2015-03-12 11:21:22	0	1.08
70	GF1 WFV2	2014-10-23 11:03:19	7	4.87	98	GF1 WFV3	2015-03-24 11:14:28	0	0.91
71	GF1 WFV1	2014-10-27 11:01:03	35	1.78	99	GF1 WFV2	2015-03-28 11:12:07	0	2.24
72	GF1 WFV4	2014-10-28 11:24:25	3	1.67	100	GF1 WFV1	2015-04-09 11:05:21	0	0.92
73	GF1 WFV1	2014-11-04 10:56:26	0	5.51	101	GF1 WFV4	2015-04-10 11:28:44	0	1.05
74	GF1 WFV4	2014-11-05 11:19:48	5	5.78	102	GF1 WFV4	2015-04-14 11:26:28	37	3.99
75	GF1 WFV3	2014-11-09 11:17:53	33	3.08	103	GF1 WFV1	2015-04-17 11:00:49	17	5.67
76	GF1 WFV3	2014-11-13 11:15:28	1	1.18	104	GF1 WFV1	2015-04-21 10:58:30	16	1.43
77	GF1 WFV3	2014-11-17 11:13:17	5	3.02	105	GF1 WFV3	2015-04-22 11:22:18	0	1.06
78	GF1 WFV3	2014-11-21 11:11:10	0	5.21	106	GF1 WFV1	2015-04-25 10:56:27	2	1.31
79	GF1 WFV4	2014-12-04 11:27:49	1	5.42	107	GF1 WFV3	2015-04-26 11:19:56	0	1.86
80	GF1 WFV4	2014-12-08 11:25:30	17	3.29	108	GF1 WFV3	2015-05-04 11:15:21	34	3.45
81	GF1 WFV1	2014-12-11 10:59:47	23	1.05	109	GF1 WFV2	2015-05-12 11:10:56	0	2.94
82	GF1 WFV4	2014-12-12 11:23:08	2	1.00	110	GF1 WFV2	2015-05-16 11:08:40	9	5.65
83	GF1 WFV3	2014-12-16 11:21:25	0	2.36	111	GF1 WFV2	2015-05-20 11:06:23	5	1.84
84	GF1 WFV4	2014-12-20 11:19:16	1	5.06	112	GF1 WFV1	2015-05-24 11:04:04	28	1.21

续表

序号	传感器类型	成像时间	云量/（%）	潮高/m	序号	传感器类型	成像时间	云量/（%）	潮高/m
113	GF1 WFV4	2015-05-25 11:27:26	1	1.56	141	GF1 WFV1	2015-12-15 11:07:50	0	1.12
114	GF1 WFV1	2015-06-01 10:59:25	15	4.53	142	GF1 WFV4	2015-12-16 11:31:20	13	1.1
115	GF1 WFV1	2015-06-05 10:57:05	1	1.48	143	GF1 WFV4	2015-12-20 11:29:03	13	3.46
116	GF1 WFV3	2015-06-06 11:20:53	1	1.18	144	GF1 WFV3	2016-01-01 11:22:34	0	1.53
117	GF1 WFV3	2015-06-14 11:16:09	19	5.43	145	GF1 WFV3	2016-01-05 11:20:13	99	3.66
118	GF1 WFV1	2015-07-04 11:04:53	39	1.76	146	GF1 WFV2	2016-01-09 11:17:50	0	3.77
119	GF1 WFV4	2015-07-13 11:24:09	1	5.24	147	GF1 WFV2	2016-01-13 11:15:31	4	1.02
120	GF1 WFV3	2015-07-25 11:17:11	24	2.48	148	GF1 WFV1	2016-01-17 11:13:07	30	2.55
121	GF1 WFV2	2015-08-02 11:12:30	2	2.19	149	GF1 WFV4	2016-01-18 11:36:29	31	3.35
122	GF1 WFV2	2015-08-06 11:10:09	0	1.52	150	GF1 WFV1	2016-01-21 11:10:46	73	4.91
123	GF1 WFV1	2015-08-14 11:05:31	1	4.1	151	GF1 WFV4	2016-01-22 11:34:06	96	4.63
124	GF1 WFV4	2015-08-15 11:28:53	13	3.13	152	GF1 WFV1	2016-01-25 11:08:26	0	1.55
125	GF1 WFV3	2015-08-27 11:22:35	18	5.35	153	GF1 WFV4	2016-01-26 11:31:51	0	1.03
126	GF1 WFV3	2015-08-31 11:20:18	23	2.85	154	GF1 WFV3	2016-02-03 11:27:34	0	3.16
127	GF1 WFV3	2015-09-04 11:18:02	8	1.43	155	GF1 WFV2	2016-02-27 11:13:39	0	0.97
128	GF1 WFV2	2015-09-08 11:15:45	12	4.27	156	GF1 WFV2	2016-03-02 11:11:18	24	2.24
129	GF1 WFV1	2015-09-16 11:11:06	33	1.91	157	GF1 WFV1	2016-03-14 11:04:10	25	1.44
130	GF1 WFV4	2015-09-21 11:32:11	9	2.06	158	GF1 WFV3	2016-03-27 11:21:00	0	1.03
131	GF1 WFV2	2015-09-24 11:06:34	37	4.59	159	GF1 WFV2	2016-04-04 11:16:23	10	4.78
132	GF1 WFV1	2015-10-02 11:01:53	0	1.36	160	GF1 WFV2	2016-04-08 11:14:03	14	2.22
133	GF1 WFV3	2015-10-03 11:25:38	8	1.39	161	GF1 WFV1	2016-04-28 11:02:23	35	1.27
134	GF1 WFV2	2015-10-15 11:18:34	0	2.6	162	GF1 WFV3	2016-04-29 11:26:11	0	1.71
135	GF1 WFV2	2015-10-23 11:14:09	16	4.33	163	GF1 WFV3	2016-05-03 11:23:49	1	4.84
136	GF1 WFV4	2015-10-24 11:37:28	15	5.11	164	GF1 WFV4	2016-05-04 11:47:07	0	5.2
137	GF1 WFV2	2015-10-27 11:11:51	11	5.48	165	GF1 WFV2	2016-05-11 11:19:04	0	1.33
138	GF1 WFV2	2015-11-29 11:16:56	4	1.39	166	GF1 WFV2	2016-05-19 11:14:17	3	4.28
139	GF1 WFV2	2015-12-07 11:12:29	9	4.18	167	GF1 WFV4	2016-05-20 11:37:35	13	3.63
140	GF1 WFV1	2015-12-11 11:10:13	24	4.28	168	GF1 WFV3	2016-06-13 11:24:14	26	2.88

续表

序号	传感器类型	成像时间	云量/（%）	潮高/m	序号	传感器类型	成像时间	云量/（%）	潮高/m
169	GF1 WFV3	2016-07-24 11:24:25	2	1.41	197	GF1 WFV3	2016-12-27 11:29:48	26	3.97
170	GF1 WFV2	2016-07-28 11:22:17	1	3.5	198	GF1 WFV3	2016-12-31 11:27:51	0	1.69
171	GF1 WFV4	2016-07-29 11:45:38	8	4.25	199	GF1 WFV2	2017-01-12 11:20:31	10	3.58
172	GF1 WFV2	2016-08-01 11:19:57	10	4.8	200	GF1 WFV4	2017-01-13 11:43:50	1	2.34
173	GF1 WFV2	2016-08-09 11:15:17	12	1.54	201	GF1 WFV4	2017-01-21 11:39:03	0	2.8
174	GF1 WFV4	2016-08-10 11:38:36	23	1.88	202	GF1 WFV2	2017-01-24 11:13:22	1	4.03
175	GF1 WFV2	2016-08-13 11:12:56	7	3.68	203	GF1 WFV4	2017-02-02 11:32:02	8	1.32
176	GF1 WFV4	2016-08-14 11:36:17	7	4.21	204	GF1 WFV1	2017-02-05 11:06:20	19	3.27
177	GF1 WFV1	2016-08-17 11:10:34	6	4.26	205	GF1 WFV4	2017-02-10 11:27:22	23	3.72
178	GF1 WFV3	2016-08-18 11:34:20	6	3.52	206	GF1 WFV2	2017-02-26 11:18:25	2	2.99
179	GF1 WFV3	2016-08-22 11:31:58	21	1.41	207	GF1 WFV2	2017-03-02 11:16:01	6	1.01
180	GF1 WFV1	2016-08-25 11:05:50	6	2.49	208	GF1 WFV2	2017-03-06 11:13:40	0	2.91
181	GF1 WFV2	2016-09-03 11:24:50	33	1.68	209	GF1 WFV4	2017-03-07 11:37:00	19	3.74
182	GF1 WFV4	2016-09-20 11:38:34	12	1.45	210	GF1 WFV2	2017-03-10 11:11:20	36	4.83
183	GF1 WFV2	2016-09-27 11:10:32	19	5.19	211	GF1 WFV4	2017-03-11 11:34:39	0	4.07
184	GF1 WFV1	2016-10-05 11:05:55	31	1.47	212	GF1 WFV3	2017-03-15 11:32:41	0	0.9
185	GF1 WFV3	2016-10-10 11:27:23	30	3.11	213	GF1 WFV2	2017-03-31 11:23:12	30	1.09
186	GF1 WFV1	2016-10-30 11:15:46	16	3.4	214	GF1 WFV1	2017-04-03 10:57:07	1	1.96
187	GF1 WFV2	2016-11-03 11:13:28	2	1.64	215	GF1 WFV2	2017-04-12 11:16:05	1	1.6
188	GF1 WFV2	2016-11-11 11:08:48	0	5.02	216	GF1 WFV3	2017-04-29 11:30:13	0	1.27
189	GF1 WFV3	2016-11-12 11:32:32	40	5.39	217	GF1 WFV4	2017-05-07 11:25:24	5	5.1
190	GF1 WFV1	2016-11-15 11:06:27	0	3.24	218	GF1 WFV2	2017-05-19 11:17:45	35	2.49
191	GF1 WFV4	2016-11-16 11:29:46	14	2.2	219	GF1 WFV1	2017-05-27 11:13:06	0	1.9
192	GF1 WFV2	2016-11-24 11:25:27	14	4.28	220	GF1 WFV4	2017-05-28 11:36:27	0	1.45
193	GF1 WFV2	2016-11-28 11:23:05	9	3.78	221	GF1 WFV3	2017-06-09 11:29:21	0	2.64
194	GF1 WFV2	2016-12-02 11:20:46	1	1.72	222	GF1 WFV2	2017-06-29 11:17:56	26	1.55
195	GF1 WFV2	2016-12-14 11:13:41	34	3.48	223	GF1 WFV2	2017-07-07 11:13:14	31	3.78
196	GF1 WFV2	2016-12-18 11:11:17	22	1.21	224	GF1 WFV1	2017-07-11 11:10:51	1	1.67

续表

序号	传感器类型	成像时间	云量/（%）	潮高/m	序号	传感器类型	成像时间	云量/（%）	潮高/m
225	GF1 WFV4	2017-07-12 11:34:14	37	1.41	253	GF1 WFV1	2018-01-20 11:16:35	3	1.13
226	GF1 WFV2	2017-07-15 11:08:32	11	1.62	254	GF1 WFV1	2018-01-24 11:14:10	16	2.27
227	GF1 WFV3	2017-07-16 11:32:15	9	2.15	255	GF1 WFV4	2018-01-29 11:35:08	10	4.44
228	GF1 WFV1	2017-07-19 11:06:08	7	4.35	256	GF1 WFV2	2018-02-05 11:07:00	0	1.21
229	GF1 WFV1	2017-07-23 11:03:47	1	3.63	257	GF1 WFV4	2018-02-06 11:30:19	6	1.56
230	GF1 WFV3	2017-07-24 11:27:30	2	2.5	258	GF1 WFV1	2018-02-13 11:02:09	0	3.55
231	GF1 WFV2	2017-08-01 11:22:41	21	3.24	259	GF1 WFV2	2018-02-22 11:21:03	27	2.03
232	GF1 WFV3	2017-08-05 11:20:23	24	4.2	260	GF1 WFV4	2018-02-23 11:44:20	0	2.73
233	GF1 WFV1	2017-08-17 11:13:04	5	4.2	261	GF1 WFV2	2018-02-26 11:18:38	0	4.52
234	GF1 WFV1	2017-08-21 11:10:40	5	4.07	262	GF1 WFV4	2018-02-27 11:41:55	1	4.5
235	GF1 WFV3	2017-08-22 11:34:26	23	2.91	263	GF1 WFV3	2018-03-06 11:13:50	14	1.06
236	GF1 WFV2	2017-10-26 11:19:45	21	1.59	264	GF1 WFV4	2018-03-11 11:34:40	10	3.3
237	GF1 WFV4	2017-11-04 11:38:20	9	3.89	265	GF1 WFV1	2018-03-22 11:04:00	2	1.46
238	GF1 WFV4	2017-11-08 11:35:56	0	1.59	266	GF1 WFV2	2018-03-27 11:25:16	0	4.28
239	GF1 WFV1	2017-11-15 11:07:46	7	5.16	267	GF1 WFV2	2018-04-08 11:18:06	0	1.68
240	GF1 WFV4	2017-11-16 11:31:07	32	4.93	268	GF1 WFV2	2018-04-20 11:10:52	0	1.11
241	GF1 WFV3	2017-11-20 11:29:06	13	2.01	269	GF1 WFV4	2018-04-21 11:34:06	19	1.28
242	GF1 WFV3	2017-11-24 11:26:41	0	1.35	270	GF1 WFV1	2018-04-28 11:05:59	2	5.51
243	GF1 WFV1	2017-11-27 11:00:29	0	2.69	271	GF1 WFV3	2018-05-11 11:22:26	2	4.19
244	GF1 WFV1	2017-12-01 10:58:03	38	5.16	272	GF1 WFV3	2018-05-15 11:20:01	1	4.3
245	GF1 WFV4	2017-12-07 11:42:38	0	1.4	273	GF1 WFV1	2018-05-18 10:53:49	92	1.36
246	GF1 WFV1	2017-12-18 11:12:08	0	2.85	274	GF1 WFV3	2018-05-23 11:15:10	0	2.99
247	GF1 WFV2	2017-12-22 11:09:47	0	1.23	275	GF1 WFV4	2018-05-24 11:38:24	88	3.98
248	GF1 WFV4	2017-12-23 11:33:07	39	1.13	276	GF1 WFV2	2018-06-12 11:02:58	4	5.2
249	GF1 WFV1	2017-12-26 11:07:22	0	2.23	277	GF1 WFV4	2018-06-13 11:26:42	0	4.73
250	GF1 WFV3	2017-12-27 11:30:38	0	3.05	278	GF1 WFV3	2018-06-21 11:21:48	29	2.54
251	GF1 WFV1	2018-01-11 10:57:44	21	3.86	279	GF1 WFV2	2018-07-11 11:09:30	23	5.25
252	GF1 WFV3	2018-01-12 11:21:28	20	4.2	280	GF1 WFV4	2018-07-12 11:32:46	6	5.01

序号	传感器类型	成像时间	云量/（%）	潮高/m	序号	传感器类型	成像时间	云量/（%）	潮高/m
281	GF1 WFV4	2018-07-16 11:30:20	13	1.37	309	GF1 WFV3	2019-02-26 11:14:21	7	1.48
282	GF1 WFV4	2018-07-20 11:27:53	5	1.68	310	GF1 WFV2	2019-03-14 11:04:24	35	1.82
283	GF1 WFV3	2018-07-24 11:25:49	31	4.83	311	GF1 WFV4	2019-03-15 11:27:43	0	2.35
284	GF1 WFV3	2018-07-28 11:23:23	7	3.82	312	GF1 WFV4	2019-03-19 11:25:14	3	5.49
285	GF1 WFV3	2018-08-01 11:20:58	18	1.55	313	GF1 WFV1	2019-03-22 10:59:27	26	2.33
286	GF1 WFV3	2018-08-05 11:18:31	4	2.17	314	GF1 WFV3	2019-03-23 11:23:10	10	2.27
287	GF1 WFV4	2018-08-14 11:36:55	24	2.17	315	GF1 WFV3	2019-03-31 11:18:13	1	3.76
288	GF1 WFV4	2018-08-22 11:32:03	31	4.54	316	GF1 WFV2	2019-04-12 11:10:47	13	1.65
289	GF1 WFV3	2018-09-15 11:17:51	38	1.21	317	GF1 WFV1	2019-05-02 10:58:18	23	4.76
290	GF1 WFV4	2018-09-24 11:36:16	6	5.15	318	GF1 WFV4	2019-05-03 11:21:37	0	4.97
291	GF1 WFV2	2018-09-27 11:10:31	16	3.39	319	GF1 WFV4	2019-05-07 11:19:35	1	2.37
292	GF1 WFV4	2018-10-06 11:28:58	17	5.27	320	GF1 WFV3	2019-05-11 11:17:06	4	1.64
293	GF1 WFV3	2018-10-18 11:22:02	6	2.63	321	GF1 WFV2	2019-05-23 11:09:36	0	1.11
294	GF1 WFV3	2018-10-26 11:17:09	14	4.12	322	GF1 WFV1	2019-05-31 11:04:33	1	4.65
295	GF1 WFV4	2018-10-27 11:40:23	0	3.05	323	GF1 WFV2	2019-06-04 11:02:05	1	3
296	GF1 WFV3	2018-10-30 11:14:41	0	1.6	324	GF1 WFV4	2019-06-05 11:25:25	14	2.88
297	GF1 WFV1	2018-11-19 11:02:21	23	4.16	325	GF1 WFV1	2019-06-08 10:59:37	4	1.36
298	GF1 WFV4	2018-11-20 11:25:39	0	4.79	326	GF1 WFV4	2019-06-09 11:22:56	28	1.46
299	GF1 WFV1	2018-11-23 10:59:54	0	4.7	327	GF1 WFV4	2019-07-16 11:24:21	28	4.79
300	GF1 WFV4	2018-11-28 11:21:12	16	1.39	328	GF1 WFV4	2019-07-24 11:19:47	22	1.34
301	GF1 WFV2	2018-12-14 11:11:18	16	1.24	329	GF1 WFV3	2019-08-01 11:14:49	2	4.56
302	GF1 WFV2	2018-12-18 11:08:51	0	3.8	330	GF1 WFV3	2019-08-05 11:12:19	18	1.35
303	GF1 WFV1	2019-01-15 10:51:38	30	2.57	331	GF1 WFV2	2019-08-13 11:07:17	8	5.1
304	GF1 WFV4	2019-01-17 11:38:39	0	3.82	332	GF1 WFV1	2019-08-21 11:02:18	4	1.25
305	GF1 WFV2	2019-01-20 11:12:56	1	4.89	333	GF1 WFV4	2019-08-22 11:25:40	24	1.3
306	GF1 WFV2	2019-01-24 11:10:26	0	0.91	334	GF1 WFV4	2019-09-07 11:16:10	23	2
307	GF1 WFV1	2019-02-05 11:03:02	30	2.63	335	GF1 WFV3	2019-09-15 11:11:10	20	3.3
308	GF1 WFV4	2019-02-06 11:26:21	29	2.79	336	GF1 WFV3	2019-09-19 11:08:40	25	1.35

序号	传感器类型	成像时间	云量/（%）	潮高/m	序号	传感器类型	成像时间	云量/（%）	潮高/m
337	GF1 WFV2	2019-09-23 11:06:09	5	3.18	365	GF1 WFV2	2020-04-15 10:58:40	2	1.89
338	GF1 WFV3	2019-10-18 11:14:43	16	1.75	366	GF1 WFV4	2020-04-16 11:21:59	47	2.34
339	GF1 WFV3	2019-10-30 11:07:07	0	2.54	367	GF1 WFV3	2020-04-19 10:56:14	100	4.82
340	GF1 WFV3	2019-11-03 11:04:35	3	1.43	368	GF1 WFV2	2020-04-23 10:53:39	0	3.18
341	GF1 WFV4	2019-11-04 11:27:51	7	1.55	369	GF1 WFV4	2020-04-24 11:16:55	0	2.85
342	GF1 WFV2	2019-11-11 10:59:34	0	4.82	370	GF1 WFV4	2020-04-28 11:14:25	0	0.96
343	GF1 WFV4	2019-11-20 11:17:52	0	2	371	GF1 WFV4	2020-05-06 11:09:19	72	5.54
344	GF1 WFV1	2019-12-05 10:44:32	21	2.63	372	GF1 WFV3	2020-05-18 11:02:05	20	4.52
345	GF1 WFV3	2019-12-06 11:08:17	0	3.1	373	GF1 WFV3	2020-05-23 11:22:45	0	3.75
346	GF1 WFV2	2019-12-10 11:05:43	0	4.89	374	GF1 WFV2	2020-05-26 10:56:57	30	1.24
347	GF1 WFV1	2019-12-13 10:39:33	8	2.63	375	GF1 WFV2	2020-06-03 10:51:47	94	4.35
348	GF1 WFV4	2019-12-27 11:19:03	1	3.28	376	GF1 WFV4	2020-06-04 11:15:01	19	5.63
349	GF1 WFV1	2019-12-30 10:53:13	24	1.1	377	GF1 WFV4	2020-06-08 11:12:29	1	2.14
350	GF1 WFV3	2020-01-08 11:11:54	23	4.7	378	GF1 WFV4	2020-06-29 11:23:16	96	2.55
351	GF1 WFV3	2020-01-12 11:08:58	2	2.22	379	GF1 WFV4	2020-07-15 11:12:54	32	3.06
352	GF1 WFV3	2020-01-20 11:04:20	0	4.04	380	GF1 WFV1	2020-08-11 10:31:54	38	1.99
353	GF1 WFV1	2020-02-01 10:56:39	0	1.34	381	GF1 WFV3	2020-08-12 10:55:36	1	2.18
354	GF1 WFV1	2020-02-09 10:51:36	2	3.69	382	GF1 WFV1	2020-08-15 10:29:22	0	4.19
355	GF1 WFV4	2020-02-10 11:14:55	0	2.41	383	GF1 WFV3	2020-08-16 10:53:05	0	4.67
356	GF1 WFV3	2020-02-22 11:07:48	0	4.19	384	GF1 WFV2	2020-08-20 10:50:31	26	2.28
357	GF1 WFV2	2020-03-05 11:00:13	0	3.61	385	GF1 WFV1	2020-09-01 10:42:51	40	3.97
358	GF1 WFV2	2020-03-17 10:52:38	0	2.25	386	GF1 WFV1	2020-09-05 10:40:19	0	1.46
359	GF1 WFV4	2020-03-22 11:13:25	0	4.75	387	GF1 WFV1	2020-09-09 10:37:42	2	1.79
360	GF1 WFV3	2020-04-03 11:06:16	1	3.52	388	GF1 WFV2	2020-09-26 10:50:40	8	3.83
361	GF1 WFV1	2020-04-06 10:40:04	92	4.81	389	GF1 WFV2	2020-09-30 10:48:33	22	4.57
362	GF1 WFV3	2020-04-07 11:03:47	0	5.07	390	GF1 WFV1	2020-10-08 10:43:18	15	1.61
363	GF1 WFV3	2020-04-11 11:01:15	100	1.07	391	GF1 WFV4	2020-10-09 11:06:37	9	1.88
364	GF1 WFV4	2020-04-12 11:24:30	5	1.17	392	GF1 WFV3	2020-10-17 11:01:51	7	4.56

序号	传感器类型	成像时间	云量/(%)	潮高/m	序号	传感器类型	成像时间	云量/(%)	潮高/m
393	GF1 WFV1	2020-10-24 10:33:02	14	2.76	400	GF1 WFV4	2020-11-23 11:02:03	0	2.55
394	GF1 WFV3	2020-10-25 10:56:44	13	3.26	401	GF1 WFV1	2020-11-30 10:33:36	21	3.36
395	GF1 WFV4	2020-10-30 11:17:26	1	4.88	402	GF1 WFV3	2020-12-05 10:54:44	37	1.26
396	GF1 WFV3	2020-11-02 10:51:41	5	2.98	403	GF1 WFV3	2020-12-13 10:49:31	6	5.36
397	GF1 WFV2	2020-11-10 10:46:30	0	3.78	404	GF1 WFV2	2020-12-21 10:44:22	0	1.51
398	GF1 WFV4	2020-11-15 11:07:13	1	5.25	405	GF1 WFV2	2020-12-25 10:41:48	0	3.9
399	GF1 WFV2	2020-11-18 10:41:21	0	1.82